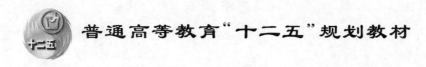

普通高等教育"十二五"规划教材

火灾爆炸理论与预防控制技术

王信群　黄冬梅　梁晓瑜　编著

北　京

冶金工业出版社

2022

内 容 提 要

本书在总体构架上分为三个部分：首先是燃烧理论基础，侧重介绍了火灾燃烧的特殊性，在介绍燃烧物理、化学基础知识之后，着重介绍了着火与灭火理论以及物质燃烧参数计算等；其次是火灾及爆炸基础，分别深入介绍了火灾爆炸基本理论、发生发展过程和危害等；最后是火灾爆炸预防控制技术，介绍了目前常用的火灾爆炸预防控制技术的基本原理及方法。

本书为高等院校安全工程及相关专业的教学用书，也可供相关安全技术领域的科技和管理人员参考。

图书在版编目（CIP）数据

火灾爆炸理论与预防控制技术/王信群，黄冬梅，梁晓瑜编著. —北京：冶金工业出版社，2014.1（2022.9重印）

普通高等教育"十二五"规划教材

ISBN 978-7-5024-6387-8

Ⅰ.①火…　Ⅱ.①王…　②黄…　③梁…　Ⅲ.①火灾—爆炸—理论—高等学校—教材　②火灾—灾害防治—高等学校—教材　Ⅳ.①TU998.12

中国版本图书馆 CIP 数据核字（2013）第 250271 号

火灾爆炸理论与预防控制技术

出版发行	冶金工业出版社	电　话	(010)64027926
地　址	北京市东城区嵩祝院北巷 39 号	邮　编	100009
网　址	www.mip1953.com	电子信箱	service@ mip1953.com

责任编辑　郭冬艳　马文欢　美术编辑　吕欣童　版式设计　孙跃红
责任校对　聊文春　责任印制　禹　蕊
北京印刷集团有限责任公司印刷
2014 年 1 月第 1 版，2022 年 9 月第 5 次印刷
787mm×1092mm　1/16；11.25 印张；269 千字；169 页
定价 **30.00 元**

投稿电话　**(010)64027932**　投稿信箱　**tougao@cnmip.com.cn**
营销中心电话　**(010)64044283**
冶金工业出版社天猫旗舰店　**yjgycbs.tmall.com**
（本书如有印装质量问题，本社营销中心负责退换）

前　言

　　火灾、爆炸事故是当代生产与社会生活中最常见的事故灾害类型之一。近年来，各种新技术、新材料、新工艺不断涌现并广泛应用于人们的日常生产和生活之中，使得发生火灾与爆炸的形势日益严峻，造成众多人员伤亡及巨大经济损失，给社会生产、生活带来极大危害。火灾具有易发、损失大的特点，而爆炸还具有反应迅速、破坏力强的特点。为了有效预防和控制火灾与爆炸灾害，安全工程专业人员必须掌握火灾与爆炸的发生、发展和蔓延规律，以及灾害的控制技术与方法。因此，火灾爆炸基本理论及相关预防控制措施一直是安全科学技术界研究的重要内容，讲授该内容的课程也是高等院校安全工程专业的重要专业基础课程之一。

　　本书在总体构架上分为燃烧理论基础、火灾及其预防控制理论、爆炸及其预防控制理论三个部分，共6章。火灾和绝大多数爆炸事故的本质均为燃烧，因此本书首先介绍燃烧理论基础，主要包括燃烧的物理基础、燃烧化学基础、着火及灭火理论、典型可燃物的燃烧过程分析、燃烧参数计算等内容；在火灾及其预防控制理论方面，主要介绍火灾中火羽流理论、室内火灾发生和发展规律、火灾烟气相关理论及危害、常见的火灾预防控制技术基本理论等内容；在爆炸及其预防控制理论方面，在阐述灾害性爆炸一般规律的基础上，主要介绍可燃气体、可燃粉尘爆炸机理及特征、爆炸参数测定、常见防爆抑爆技术措施等内容。

　　本书旨在为高等院校安全工程及相关专业提供系统性较强的教学用书，以利于学生掌握火灾爆炸及其预防控制措施的基本原理及方法。同时，该书还可供相关安全技术领域的科技和管理人员自学参考。

　　本书结合编者多年来给中国计量学院安全工程专业本科生授课的经验和体

会，在相关课程讲义的基础上修订而成。本书按统一大纲分章编写，王信群担任主编，主要负责拟定大纲，并编写了第 5 章、第 6 章；黄冬梅编写了第 1 章、第 2 章及第 3 章，梁晓瑜完成其余章节编写工作；研究生杨剑、项疆腾、徐海顺等为本书的编写付出了辛勤劳动。

在本书编写过程中，参考了相关教材、专著和论文，在此编者向这些同行们表示衷心的感谢。

受编者水平所限，教材中难免有疏漏、错误和不足，恳请广大读者批评指正。

编著者

2013 年 8 月

目　　录

1　绪论 ··· 1

1.1　火灾与爆炸事故概述 ······································· 1

1.2　我国当前火灾爆炸事故形势 ································· 1

　1.2.1　我国当前火灾事故形势 ································ 1

　1.2.2　我国当前爆炸事故形势 ································ 3

1.3　课程性质、设置目的与课程内容 ··························· 4

复习思考题 ·· 4

2　燃烧理论基础 ·· 5

2.1　燃烧现象概述 ··· 5

　2.1.1　燃烧的定义及特征 ···································· 5

　2.1.2　燃烧条件 ·· 5

2.2　燃烧物理基础 ··· 6

　2.2.1　燃烧过程的输运现象 ·································· 6

　2.2.2　传热传质基本理论 ···································· 8

　2.2.3　描述燃烧过程的基本控制方程 ························ 9

2.3　燃烧化学基础 ·· 11

　2.3.1　化学反应的分类 ····································· 11

　2.3.2　燃烧化学反应速率理论 ······························ 12

2.4　着火及灭火理论 ·· 13

　2.4.1　热自燃理论 ··· 13

　2.4.2　链反应理论 ··· 14

　2.4.3　强迫着火 ··· 16

　2.4.4　灭火分析 ··· 18

2.5　典型可燃物燃烧过程分析 ·································· 20

　2.5.1　可燃物类型及组成 ··································· 20

　2.5.2　气体燃烧 ··· 22

　2.5.3　液体燃烧 ··· 26

　2.5.4　固体燃烧 ··· 32

2.6　燃烧参数计算 ·· 39

　2.6.1　燃烧所需空气量计算 ································· 39

　2.6.2　火灾燃烧产物及其计算 ······························ 42

　　复习思考题 ……………………………………………………………………… 49

3　火灾基础 …………………………………………………………………………… 51

　3.1　火灾的特点及分类 ………………………………………………………… 51

　　3.1.1　火灾的特点 ……………………………………………………………… 51

　　3.1.2　火灾的分类 ……………………………………………………………… 52

　3.2　建筑物室内火灾 …………………………………………………………… 53

　3.3　火羽流 ……………………………………………………………………… 55

　　3.3.1　火羽流分类 ……………………………………………………………… 55

　　3.3.2　轴对称浮力羽流 ………………………………………………………… 55

　　3.3.3　火羽流模型 ……………………………………………………………… 57

　3.4　顶棚射流 …………………………………………………………………… 59

　3.5　室内火灾中的特殊现象 …………………………………………………… 60

　　3.5.1　轰燃 ……………………………………………………………………… 60

　　3.5.2　回燃 ……………………………………………………………………… 61

　3.6　火灾烟气及其危害 ………………………………………………………… 62

　　3.6.1　火灾中的燃烧产物 ……………………………………………………… 62

　　3.6.2　火灾烟气的特征参数 …………………………………………………… 63

　　3.6.3　烟气的流动 ……………………………………………………………… 65

　　3.6.4　火灾烟气的危害 ………………………………………………………… 76

　　复习思考题 …………………………………………………………………… 79

4　爆炸基础 …………………………………………………………………………… 80

　4.1　爆炸概述 …………………………………………………………………… 80

　　4.1.1　爆炸的定义 ……………………………………………………………… 80

　　4.1.2　爆炸的分类 ……………………………………………………………… 80

　　4.1.3　爆炸发生的条件 ………………………………………………………… 81

　　4.1.4　爆炸的特点及破坏作用 ………………………………………………… 82

　4.2　爆炸极限理论及计算 ……………………………………………………… 84

　　4.2.1　爆炸极限理论 …………………………………………………………… 84

　　4.2.2　爆炸极限的影响因素 …………………………………………………… 85

　　4.2.3　混合气体爆炸极限计算 ………………………………………………… 86

　4.3　可燃气体爆炸 ……………………………………………………………… 89

　　4.3.1　概述 ……………………………………………………………………… 89

　　4.3.2　可燃气体爆炸特性参数及其测定方法 ………………………………… 89

　4.4　粉尘爆炸 …………………………………………………………………… 93

　　4.4.1　概述 ……………………………………………………………………… 93

　　4.4.2　粉尘爆炸过程描述 ……………………………………………………… 94

　　4.4.3　粉尘爆炸特征参数及测试方法 ………………………………………… 97

4.5　其他类型的灾害性爆炸 ……………………………………… 101
  4.5.1　高压过热液体沸腾蒸气爆炸（BLEVE）…………………… 101
  4.5.2　低温液化气蒸气爆炸 ………………………………………… 102
复习思考题 …………………………………………………………… 103

5　火灾预防控制技术 …………………………………………… 104

5.1　火灾防控原则与方法 …………………………………………… 104
  5.1.1　火灾防控原则 ………………………………………………… 104
  5.1.2　火灾防控基本原理 …………………………………………… 104
5.2　建筑耐火等级 …………………………………………………… 105
  5.2.1　影响耐火等级的因素 ………………………………………… 105
  5.2.2　建筑物耐火等级的划分 ……………………………………… 106
  5.2.3　一般民用建筑的耐火等级 …………………………………… 106
  5.2.4　高层民用建筑的耐火等级 …………………………………… 107
  5.2.5　建筑物耐火等级划分的特殊情况 …………………………… 107
5.3　建筑防火分区 …………………………………………………… 108
  5.3.1　防火分区的划分原则 ………………………………………… 109
  5.3.2　主要防火分隔构件 …………………………………………… 109
5.4　火灾探测与报警技术 …………………………………………… 111
  5.4.1　火灾自动报警系统组成及工作原理 ………………………… 111
  5.4.2　火灾自动报警系统的分类 …………………………………… 111
  5.4.3　常见火灾探测器的工作原理 ………………………………… 113
5.5　灭火技术 ………………………………………………………… 119
  5.5.1　灭火原理 ……………………………………………………… 119
  5.5.2　灭火剂主要类型与特点 ……………………………………… 120
  5.5.3　常见灭火系统工作原理 ……………………………………… 127
复习思考题 …………………………………………………………… 137

6　爆炸预防控制技术 …………………………………………… 139

6.1　爆炸预防与控制原则 …………………………………………… 139
  6.1.1　爆炸发展过程的特点 ………………………………………… 139
  6.1.2　爆炸防控的基本原则 ………………………………………… 139
6.2　爆炸预防技术 …………………………………………………… 140
  6.2.1　控制工艺参数 ………………………………………………… 140
  6.2.2　防止形成爆炸性混合物 ……………………………………… 140
  6.2.3　隔离储存 ……………………………………………………… 145
  6.2.4　控制点火源 …………………………………………………… 147
  6.2.5　爆炸危险场所防爆电气设备 ………………………………… 152
  6.2.6　监控报警 ……………………………………………………… 156

6.3　爆炸控制技术 ·· 158

6.3.1　阻隔防爆 ·· 158

6.3.2　爆炸抑制 ·· 163

6.3.3　爆炸泄压 ·· 165

复习思考题·· 168

参考文献 ·· 169

1 绪 论

1.1 火灾与爆炸事故概述

火灾与爆炸是人类社会生产活动中两类最常见的灾害性事故。随着经济的发展和社会的进步，大型、特殊的建筑迅速涌现，各类工业生产的规模与复杂程度日益增加，易燃易爆危险物品的使用数量及场所逐渐增多，由此带来的火灾爆炸的潜在危险越来越大。近年来，特大火灾爆炸事故时有发生，如：2013 年吉林八宝煤矿瓦斯爆炸事故，造成 30 余人死亡、10 多人受伤；2011 年吉林商业大厦火灾，造成 10 余人死亡、20 多人受伤，直接经济损失 5000 余万元；2011 年 7 月京珠高速河南信阳"7·22"特别重大卧铺客车燃烧事故，造成 41 人死亡、6 受伤，直接经济损失达 2300 万元；2010 年上海"11·15"特大火灾，造成 58 人死亡、71 人受伤，直接经济损失 1.58 亿元；2010 年"7·16"输油管道爆炸火灾事故，造成作业人员 1 人轻伤、1 人失踪，在灭火过程中，消防战士 1 人牺牲、1 人重伤，直接财产损失达 2.2 亿元；2009 年 2 月 9 日，中央电视台新大楼火灾，造成 6 名消防队员和 2 名施工人员受伤，直接经济损失 1.63 亿元。

火灾是指在时间和空间上失去控制的灾害性燃烧现象。爆炸（主要指化学爆炸）则是在极短时间内，释放出大量能量，产生高温，并放出大量气体，在周围介质中造成高压的化学反应或状态变化。两者的本质均为可燃物与氧化剂之间的放热反应，同时伴有火焰或可见光的燃烧现象。两者之间的主要区别在于燃烧反应速率不同：火灾的能量释放速率相对缓慢，持续时间较长，而爆炸则是瞬态过程，可以在瞬间突然释放大量能量。同时火灾与爆炸这两种常见灾害之间也存在着紧密联系，并且经常相伴发生。火灾与爆炸在一定条件下可以互相转化，尤其是在存放易燃易爆物品较多的场合和某些生产过程中，极易发生火灾与爆炸的连锁反应。如在一些化工生产中，由于某个事故可导致油罐、反应釜或乙炔发生器等设备爆炸，随着容器的破裂和可燃物的泄漏，往往会引发次生火灾；在另一些情况下，则是先发生火灾，继而发生爆炸事故，例如当抽空的油罐着火时，可燃蒸气不断被消耗，其浓度降低到爆炸极限范围内时，就可能发生爆炸。同一物质在一种条件下可以缓慢地燃烧，引发火灾，而在另一种条件下可以发生爆炸。例如，在通常的环境条件下，煤块只能缓慢地燃烧，但煤粉与空气混合，则可以形成可燃物与空气的混合物，在一定条件下，就可能发生爆炸。

1.2 我国当前火灾爆炸事故形势

1.2.1 我国当前火灾事故形势

图 1-1 为 1995~2011 年间我国火灾发生次数与直接经济损失曲线。从图中可看出，

2002 年以前，随着社会和经济的发展，我国火灾数量不断上升；2002 年之后，随着我国对消防不断重视，火灾数量有明显下降趋势。由于我国社会财富的不断增加，火灾的直接经济损失相应增加，特别是近几年，每年均超出了 15 亿元，2011 年甚至超过了20 亿元。

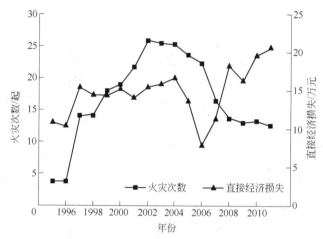

图 1-1　1995～2011 年我国火灾次数与直接经济损失

　　图 1-2 则是我国 1995～2011 年间火灾损失情况，并与我国的经济发展状况作了比较。可以看出，2002 年火灾的总次数超过了 25 万起，1999 年以后损失大都在 15 亿元以上。这反映出火灾状况与经济发展状况存在密切联系，随着经济的快速发展，火灾损失也在不断增加。

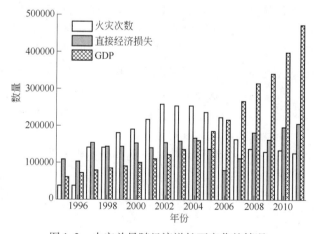

图 1-2　火灾总量随经济增长而变化的情况

　　实际上，这种情况在其他国家同样存在。例如，根据美国消防协会的资料，从1880～2000 年的 120 年里，美国的 GDP 增长了约 880 倍，而火灾损失则增长了近 150 倍，由1880 年的 7500 万美元增长为 2000 年的 112 亿美元。日本的火灾损失变化趋势也同美国类似，从 1956～1991 年的 35 年里，其 GDP 增长了约 46 倍，而火灾直接财产损失增长了约4 倍多。

图 1-3 为 1995~2011 年间我国特大火灾在火灾总数中所占的比例。可以看出，从 1996 年开始经过几年时间的下降后，2004 年以来火灾损失有一定的反弹。这反映出在经济发展达到一定程度，即已经有足够多且比较集中的财产积累后，容易酿成特、重大火灾，但相关防治措施的加强可以对有效控制这类特大火灾发挥重要作用。

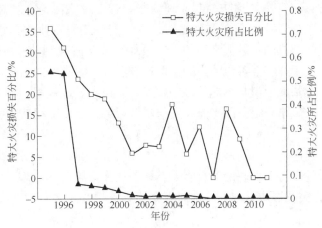

图 1-3 1995~2011 年来我国特大火灾情况

1.2.2 我国当前爆炸事故形势

近年来，我国安全生产的基本情况趋向好转，但形势依然严峻。例如，2011 年全国共发生各类事故 347728 起，死亡 75572 人。全国共发生重大事故 68 起，死亡 954 人。在这些事故中，与爆炸密切相关的主要为煤矿瓦斯事故、石油化工事故和烟花爆竹事故。

自新中国成立以来，全国煤矿共发生 19 起一次死亡百人以上的矿难，共计死亡 3162 人。其中，15 起是瓦斯爆炸事故，死亡 2140 人，事故起数和死亡人数分别占总数的 79% 和 68%。2001 年~2010 年，全国煤矿发生 61 起特别重大事故，死亡 3153 人。其中，瓦斯爆炸事故 44 起，死亡 2437 人，事故起数和死亡人数分别占总数的 72% 和 77%。尤其是 2004 年 10 月 20 日 ~2005 年 2 月 14 日的 115 天里，河南大平、陕西陈家山、辽宁阜新孙家湾连续发生 3 起死亡百人以上的特大恶性煤矿瓦斯爆炸事故。

近 20 年来，我国的石油化学工业得到了迅速发展，目前拥有大中型石油化工企业 100 多家，几乎遍布全国，每年为国家提供大量的石油化工产品，但石化工业的火灾和爆炸事故也频频发生。据中国石油化工总公司 1983 ~1993 年的统计资料，在 1143 起各类事故中，火灾爆炸占 23.64%，损失却占 40%。例如，1989 年 8 月 12 日，青岛的黄岛油库储油罐因雷击发生爆炸引发罐区大火，燃烧了 5 天 4 夜才被扑灭，不仅造成了惨重的经济损失，而且导致 80 多名消防队员伤亡，12 辆消防车被毁。2005 年 11 月 13 日，吉林石化公司双苯厂发生连续的火灾爆炸，共造成 5 人死亡、1 人失踪、70 多人受伤，不仅导致该厂多套设施报废或停产，而且造成了大范围的环境污染。

这些年，我国的烟花爆竹伤亡事故也十分突出。从 1985 ~2003 年，烟花爆竹行业累计发生爆炸事故 8448 起，平均每年发生 445 起。从 1997 年开始，每年平均每起事故伤亡程度均高于以往历年，例如，2010 年，爆炸品共发生人员伤亡事故 85 起，占危险化学品人员伤亡事故的 26%，造成 252 人死亡，471 人受伤。

1.3   课程性质、设置目的与课程内容

"火灾爆炸理论与预防控制技术"课程主要介绍火灾、爆炸理论基础及发生、发展和熄灭基本规律、常见火灾爆炸预防控制原理，并结合工程实际，介绍常见的预防控制技术。该课程是安全工程专业的重要课程之一，也是安全工程专业的必修课。通过课程学习，了解火灾与爆炸的机理，掌握常用的火灾爆炸事故预防控制的基本原理、主要方法，掌握典型可燃物火灾爆炸特征参数的实验、测试方法，了解常用的预防控制技术。通过学习与实践，掌握专业基本知识与技能，以期在经济建设中发挥作用。本书内容设置如下：

第 1 章为绪论，简单介绍我国当前火灾与爆炸形势，以及课程性质、设置目的、课程内容等。

第 2 章为燃烧理论基础，侧重介绍了火灾燃烧的特殊性，在介绍燃烧物理、化学基础之后，着重介绍了着火与灭火理论以及物质燃烧参数计算等。

第 3、4 章为火灾及爆炸基础，分别深入介绍火灾爆炸基本理论、发生发展过程和危害等。

第 5、6 章为火灾及爆炸预防控制技术，介绍目前常用的火灾爆炸预防控制技术的基本原理及方法。

复习思考题

1-1　试述火灾及与爆炸的定义。

1-2　火灾和爆炸有何区别及联系？

1-3　简述我国当前火灾爆炸安全的基本形势，以近年来某一典型火灾为例，分析应如何避免火灾爆炸的发生。

2 燃烧理论基础

2.1 燃烧现象概述

2.1.1 燃烧的定义及特征

燃烧是指可燃物与氧化剂作用发生的放热反应，通常伴有火焰、发光的现象。本质上，燃烧是一种氧化还原反应，但又不同于一般的氧化还原反应。如氢气在氯气中燃烧，氯原子得到一个电子被还原，而氢原子失去一个电子被氧化，其反应过程中还伴随发光和发热现象，所以此反应属于燃烧；而铜与稀硝酸的反应中，铜失掉两个电子被氧化，但在该反应中没有产生光和热，所以此反应不能称为燃烧。综上所述，燃烧过程具有两个特征：

（1）有新物质产生，即燃烧是化学反应；

（2）伴随发光发热现象。

2.1.2 燃烧条件

燃烧现象十分普遍，但其发生必须具备一定的条件。作为一种特殊的氧化还原反应，燃烧反应必须有氧化剂和还原剂参与，此外还要有引发燃烧的能量。具体包括：

（1）可燃物（还原剂）。不论是气体、液体还是固体，也不论是金属还是非金属，无机物还是有机物，凡是能与空气中的氧或其他氧化剂起燃烧反应的物质，均称为可燃物，如氢气、乙炔、酒精、汽油、木材、纸张等。

（2）助燃物（氧化剂）。凡是与可燃物结合能导致和支持燃烧的物质，都称为助燃物，如空气、氧气、氯气、氯酸钾、过氧化钠等。空气是最常见的助燃物，本书中如无特别说明，可燃物的燃烧都是指在空气中进行的。

（3）点火源。凡是能引起物质燃烧的热源，统称为点火源。生产和生活中常用的多种热源都有可能转化为点火源。例如，化学能转化为化合热、分解热、聚合热、自燃热；电能转化为电火花热、电弧热、感应发热、静电发热、雷击发热；机械能转化为摩擦热、压缩热、撞击热；光能转化为热能以及核能转化为热能。

上述三个条件通常被称为燃烧三要素。但是，即使具备了三要素并且相互结合、相互作用，燃烧也不一定发生。要发生燃烧还必须满足其他条件，如可燃物和助燃物要有一定的数量和浓度，点火源要有一定的温度和足够的热量等。燃烧发生时，三要素可表示为封闭的三角形，通常称为着火三角形，如图 2-1(a)所示。

经典的着火三角形一般足以说明燃烧得以发生和持续进行的原理。但是，根据燃烧的链式反应理论，很多燃烧的发生都有持续的游离基（自由基或活性基团）作为中间产物，因此，三角形应扩大到包括一个说明自由基参加燃烧反应的附加项，从而形成一个着火四面体，如图 2-1（b）所示。

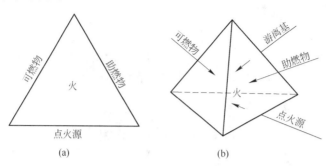

图 2-1   着火三角形和着火四面体

（a）着火三角形；（b）着火四面体

2.2   燃烧物理基础

2.2.1   燃烧过程的输运现象

2.2.1.1   输运过程分析

燃烧反应不仅与动力学因素有关，还与反应体系内质量和能量的输运联系密切。这种输运取决于系统的宏观运动（如可燃混合气的流动）以及系统内的微观运动（如分子热运动）所引起的热传导和扩散现象。因此，在工程燃烧技术上，可以通过控制某些物理因素来调节燃烧速率。因为在燃烧设备中可燃物和氧化剂的浓度足够大，温度又很高，如果混合均匀，则化学反应速率开始就很大。当化学反应速率很高而混合速率相对很慢时，则燃烧速率实际上必然取决于混合速率，这样，许多物理因素，如混合气体的速率分布、流动情况、燃烧设备的形状尺寸、湍流与局部扰动情况、分子扩散与涡团扩散情况以及系统内热量的分布等等，都对燃烧速率有很大影响。

根据输运与反应速率之间的关系，燃烧界将燃烧过程分为三种类型。如果混合气的扩散速率比化学反应速率小得多，则这种燃烧过程称为扩散燃烧；如果化学反应速率比扩散速率小得多，则这种燃烧称为动力燃烧；而当化学反应速率与扩散速率相当时，则这种燃烧称为扩散动力燃烧。由此可知，扩散燃烧主要受扩散、流动等物理混合过程的控制；动力燃烧则主要受化学动力学因素的支配；而扩散动力燃烧则是化学动力学和物理因素同时起支配作用。

明确这些燃烧过程的概念具有一定的现实意义。例如，在动力燃烧中提高混合气体的温度，可使燃烧速率提高，而对于扩散燃烧如用相同的办法，则作用不明显。因而有必要研究燃烧过程中的输运现象。

在物理学中，输运现象是在气体未达到宏观平衡时所表现出来的现象。例如：

（1）气体各部分的温度分布不均匀，由于热运动，分子可以从较热部分移动到较冷部分，产生能量输运，使较冷部分获得热量，表现为气体的热传导。

（2）气体各部分的密度（或浓度）不同，则由较密部分进入较疏部分的气体分子更多，从而发生质量输运，使气体的密度渐趋均匀，这就是气体的扩散现象。

（3）如果气体各部分的速度不同，则气体各部分之间就发生相对运动，气体分子在杂乱的运动中可以在较快部分与较慢部分之间交换位置，因而输运了动量，使较慢的部分加快，同时使较快的部分减慢，这就造成气体的内部摩擦作用（或称黏性）。

2.2.1.2　输运定律

A　费克（Fick）扩散定律

在双组分混合物中组分 A 的扩散通量的方向与该组分当地质量分数梯度方向相反，绝对值正比于该梯度值，比例系数称为扩散系数。在双组分情况下，由浓度梯度引起的组分扩散通量可以用费克定律表示：

$$J_A = -\rho D_{AB} \frac{\partial w_A}{\partial y} \tag{2-1}$$

式中　J_A——单位时间、单位面积组分 A 扩散而产生的扩散通量，$kg/(m^2 \cdot s)$；

　　D_{AB}——组分 A 在组分 B 中的扩散系数，m^2/s；

　　w_A——组分 A 的质量分数；

　　ρ——混合物的密度。

在考虑两种以上组分的多组分扩散问题时，常把组分 A 作为一种组分，而把组分 A 以外的所有组分作为另一种组分。这样将多组分的扩散问题处理为双组分的扩散问题。

B　傅里叶（Fourier）导热定律

导热通量的方向与温度梯度方向相反，绝对值正比于该梯度值，比例系数称为导热系数。

$$q = -\lambda \frac{\partial T}{\partial y} \tag{2-2}$$

式中　q——热流密度，W/m^2；

　　λ——导热系数，$W/(m \cdot K)$。

因为 $\lambda = a\rho c_p$，（其中 a 为热扩散率），所以当 ρ、c_p 等于常数时，傅里叶导热定律可以表示为：

$$q = -a \frac{\partial(\rho c_p T)}{\partial y} \tag{2-3}$$

式（2-3）表示热流密度与热焓梯度的关系。

多组分气体的热流密度和单组分气体的有所不同，它不仅与温度梯度有关，还与各组分扩散所产生的焓差有关。后者一般不大，常可以忽略。

C　牛顿（Newton）黏性定律

单位面积上剪切力方向与速度梯度方向相反，绝对值正比于该梯度值，比例系数称为黏度。

$$\tau = -\mu \frac{\partial \mu}{\partial y} \tag{2-4}$$

式中　τ——单位面积剪切力，Pa；

　　μ——动力黏度，$Pa \cdot s$。

因为 $\mu = \rho \nu$，ν 是运动黏度，所以牛顿黏性定律又可以写成：

$$\tau = -\nu \frac{\partial(\rho\mu)}{\partial y} \tag{2-5}$$

多组分气体中的剪切力，在宏观上与单组分气体相同。

以上三个输运定律中所包含的扩散系数、导热系数以及黏度，按分子运动论的一阶近似理论，由下列式子给出：

$$D_{AB} = \frac{2}{3} \left(\frac{k_B^3 T}{\pi^3 m_A} \right)^{1/2} \frac{T}{\sigma^2 P} \tag{2-6}$$

$$\lambda = \left(\frac{k_B^3}{\pi^3 m \sigma^4} \right) T^{1/2} \tag{2-7}$$

$$\mu = \frac{5}{16} \frac{\sqrt{k_B m T}}{\pi^{1/2} \sigma^2} \tag{2-8}$$

式中　k_B——玻耳兹曼常数，$k_B = 1.380658 \times 10^{-23}$ J/K；

　　　σ——分子直径；

　　　m——分子质量。

2.2.1.3　常用的输运系数之间的关系

在燃烧过程中，质量、动量以及能量交换常常是同时发生的，经常用到它们之间的关系。这些关系可以用一些无量纲数表示：

$$Pr = \frac{\nu}{a} = \frac{\mu c_p}{\lambda} = \frac{动量输运速率}{能量输运速率} \tag{2-9}$$

$$Sc = \frac{\nu}{D} = \frac{\mu}{D\rho} = \frac{动量输运速率}{质量输运速率} \tag{2-10}$$

$$Le = \frac{Sc}{Pr} = \frac{a}{D} = \frac{能量输运速率}{质量输运速率} \tag{2-11}$$

式中，Pr 称为普朗特数；Sc 称为施密特数；Le 称为路易斯数。

2.2.2　传热传质基本理论

2.2.2.1　热传导

热传导又称导热，属于接触传热，热传导服从傅里叶定律，即：在不均匀温度场中，由于导热所形成的某地点的热流密度正比于该时刻同一地点的温度梯度，在一维温度场中，数学表达式为：

$$q_x'' = -\lambda \frac{dT}{dx} \tag{2-12}$$

式中　q_x''——热流密度，在单位时间经单位面积传递的热量，W/m²；

　dT/dx——沿 x 方向的温度梯度，K/m；

　　　λ——导热系数，W/(m·K)。

负号表示热量传递是从高温向低温传递，即热流密度和温度梯度方向相反。

导热系数表示物质的导热能力，即单位温度梯度时的热通量。不同的物质导热系数不同，同种物质的导热系数也会因材料的结构、密度、湿度、温度等因素的变化而变化。

2.2.2.2　热对流

热对流又称对流换热，是指流体各部分之间发生相对位移，冷热流体相互掺混引起热量传递的方式。所以，热对流中热量的传递与流体流动有密切关系。当然，由于在流体中存在温度差，所以也必然存在热传导现象，但导热在整个传热中处于次要地位。

工程上，常把具有相对位移的流体与所接触的固体壁面之间的热传递过程称为对流换热。

对流换热的热通量服从牛顿冷却公式：

$$q'' = h\Delta T \tag{2-13}$$

式中　q''——单位时间内、单位壁面积上的对流换热量，W/m^2；

　　ΔT——流体与壁面间的平均温度，℃；

　　h——对流换热系数，表示流体和壁面温度差为1℃时，单位时间内单位壁面面积和流体之间的换热量，$W/(m^2 \cdot ℃)$。

与导热系数不同的是，对流换热系数 h 不是物性常数，而是取决于系统特性、固体壁面形状与尺寸，以及流体特性，且与温度有关。

2.2.2.3　热辐射

辐射是物体通过电磁波来传递能量的方式。热辐射是因热的原因而发出辐射能的现象。辐射换热是物体间以辐射方式进行的热量传递。

与热传导和热对流不同的是，热辐射在传递能量时不需要相互接触即可进行，所以它是一种非接触传递能量方式，即使空间是高度稀薄的太空，热辐射也照常能进行。最典型的例子是太阳向地球表面传递热量的过程。

辐射能力的大小用辐射力来表示，辐射力定义为单位时间内，物体的单位表面积向周围半球空间发射的所有波长范围内的总辐射能，用 $E(W/m^2)$ 表示。辐射力与温度有关，同一温度下不同物体的辐射力也不一样。在所有物体中，在同温度下辐射力最大的物体称为黑体。黑体的辐射力服从下面的斯忒藩-玻耳兹曼定律：

$$E_b = \sigma T^4 \tag{2-14}$$

式中　E_b——黑体辐射力；

　　σ——斯忒藩-玻耳兹曼常量，$5.67 \times 10^{-8} W/(m^2 \cdot K^4)$；

　　T——表面绝热温度。

2.2.2.4　传质

燃烧发生时，燃烧产物将不断离开燃烧区，燃料和氧化剂将不断还入燃烧区，否则，燃烧将无法继续进行下去。在这里，产物的离开，燃料和氧化剂的进入，都有一个物质传递的问题。物质的传递可通过物质的分子扩散、燃料相分界面上的斯忒藩流、浮力引起的物质流动、由外力引起的强迫流动、湍流运动引起的物质混合等方式来实现。

2.2.3　描述燃烧过程的基本控制方程

2.2.3.1　连续方程（质量守恒方程）

在直角坐标系内，三维、非定常、可压缩气体的质量方程可表示为：

$$\frac{\partial \rho}{\partial t} + \frac{\partial(\rho v_1)}{\partial x_1} + \frac{\partial(\rho v_2)}{\partial x_2} + \frac{\partial(\rho v_3)}{\partial x_3} = \frac{\partial \rho}{\partial t} + \text{div}(\rho \boldsymbol{v}) = 0 \tag{2-15}$$

式中，x_j（$j=1$，2，3）表示直角坐标的三个轴。

该方程的物理意义是：单位时间微元体单位体积内流出与流入的质量差 $\mathrm{div}(\rho\boldsymbol{v})$ 与单位时间微元体单位体积内质量的改变量 $\partial\rho/\partial t$ 之和等于零。$\mathrm{div}(\rho\boldsymbol{v})$ 表示流体的散度。

2.2.3.2　动量守恒方程（运动方程）

解伴有化学反应的流动问题，通常只需要混合气体动量守恒总的表达式。根据气体动力学知识，忽略质量力、无黏性理想流体的三维、非定常流的动量方程可表达为：

$$\frac{\mathrm{d}v_1}{\mathrm{d}t} = \frac{\partial v_1}{\partial t} + v_1\frac{\partial v_1}{\partial x_1} + v_2\frac{\partial v_1}{\partial x_2} + v_3\frac{\partial v_1}{\partial x_3} = -\frac{1}{\rho}\frac{\partial p}{\partial x_1}$$

$$\frac{\mathrm{d}v_2}{\mathrm{d}t} = \frac{\partial v_2}{\partial t} + v_1\frac{\partial v_2}{\partial x_1} + v_2\frac{\partial v_2}{\partial x_2} + v_3\frac{\partial v_2}{\partial x_3} = -\frac{1}{\rho}\frac{\partial p}{\partial x_2} \qquad (2\text{-}16)$$

$$\frac{\mathrm{d}v_3}{\mathrm{d}t} = \frac{\partial v_3}{\partial t} + v_1\frac{\partial v_3}{\partial x_1} + v_2\frac{\partial v_3}{\partial x_2} + v_3\frac{\partial v_3}{\partial x_3} = -\frac{1}{\rho}\frac{\partial p}{\partial x_3}$$

式中　v_1，v_2，v_3——速度向量 $\boldsymbol{v}$ 在直角坐标系中三个坐标方向上的分量；

　　　　p——混合气体的压力。

2.2.3.3　能量守恒方程

对于一维、定常无黏性的理想混合气体，无外力作用下的能量方程可表达为：

$$\frac{\mathrm{d}}{\mathrm{d}x}\left[\left(\rho u + \frac{1}{2}\rho v^2\right)v\right] = -\frac{\mathrm{d}}{\mathrm{d}x}(pv) + \frac{\mathrm{d}q}{\mathrm{d}x} \qquad (2\text{-}17)$$

式中　ρ——混合气体的密度，$\mathrm{g/cm^3}$；

　　　　u——单位质量混合气体的总内能，$\mathrm{J/g}$；

　　　　v——x 方向混合气体的流速，$\mathrm{cm/s}$；

　　　　q——单位时间内流过微元体单位面积上的总热流，$\mathrm{J/(s \cdot cm^2)}$；

　　　　ρu——单位容积混合气体的总内能，包含由于分子扩散引起的能量交换，$\mathrm{J/cm^3}$。

总内能是热力学内能与混合气化学能之和。那么，式(2-17)内 $(\rho u+\frac{1}{2}\rho v^2)$ 应代表单位体积混合气所具有的总内能与动能之和，可称之为总能量密度($\mathrm{J/cm^3}$)；$\left[\left(\rho u+\frac{1}{2}\rho v^2\right)v\right]$ 则代表单位时间内流过微元体单位面积上的能量通量[$\mathrm{J/(s \cdot cm^2)}$]。

式(2-17)右端的第一项 $\frac{\mathrm{d}}{\mathrm{d}x}(pv)$ 代表单位时间内、单位体积混合气所做的功[$\mathrm{J/(s \cdot cm^3)}$]。$\frac{\mathrm{d}}{\mathrm{d}x}(pv)>0$ 表示混合气对外做功；$\frac{\mathrm{d}}{\mathrm{d}x}(pv)<0$ 则表示外界对混合气体做功。式(2-17)右端的第二项 $\frac{\mathrm{d}q}{\mathrm{d}x}$ 代表微元体单位时间、单位体积混合气内净传入（或净传出）的热量。$\frac{\mathrm{d}q}{\mathrm{d}x}>0$ 表示净传入热量（传入量>传出量）；$\frac{\mathrm{d}q}{\mathrm{d}x}<0$ 则表示净传出热量（传入量<传出量）。

由此可以理解方程的物理意义：单位时间、微元体单位体积内净传入的热量等于净流出的能量以及对外做功所消耗的能量之和。因而，微元体内混合气的能量储备守恒。

2.3 燃烧化学基础

2.3.1 化学反应的分类

虽然自然界的化学反应很多，但是化学反应还是可以概括地分为简单反应和复杂反应两大类。简单反应仅仅包含一个反应步骤，实际上就是基元反应；而复杂反应则包含许多中间步骤，即由两个或两个以上的基元反应组成。

2.3.1.1 简单化学反应

根据化学反应速率与反应物浓度关系，简单反应可分为一级反应、二级反应、三级反应等。

一级反应是指反应速率与反应物浓度的一次方成正比的反应。例如碘的分解反应：

$$I_2 \longrightarrow 2I$$

二级反应是指反应速率与反应物浓度的平方成正比，或者与两种反应物浓度一次方的乘积成正比。可用下式表达：

$$-\frac{dC_A}{dt} = k_2 C_A C_B \tag{2-18}$$

若反应速率为：

$$w = k C_A^a C_B^b C_C^c \cdots \tag{2-19}$$

令 $v=a+b+c+\cdots$，则该反应称为 v 级反应。

若反应速率与反应物浓度无关而等于常数，则该反应称为零级反应。

基元反应的速度方程式都具有简单的级数，如一级、二级（只有少数几个反应是三级反应，三级以上的反应至今尚未发现）。级数越高，则该物质浓度的变化对反应速率的影响越显著。

反应级数是对总体反应所测定的数值，它可以是整数、分数，也可能为零，还可以是负数。反应级数为负数时，表明当反应物的浓度增加时反而抑制了反应，使反应速率下降。

2.3.1.2 几种典型复杂反应

A 对峙反应

在正、反两个方向都能进行的反应称为对峙反应，又称为可逆反应。这种反应在工业上比较常见。例如，氨的合成：

$$N_2+3H_2 \rightleftharpoons 2NH_3$$

B 平行反应

当一种或多种反应物能同时进行不同的反应时，这类反应称为平行反应。例如，氯苯的再氯化，可得对位和邻位二氯苯两种产物，即

$$C_6H_5Cl+Cl_2 \begin{array}{c} \xrightarrow{k_1} C_6H_4Cl_2（对位）+HCl \\ \xrightarrow{k_2} C_6H_4Cl_2（邻位）+HCl \end{array}$$

这类反应在有机化学反应中很多，一般将反应较快或产物生成较多的反应称为主反

应，其他反应则称为副反应。

C   链式反应

有很多化学反应是经过连续几步才完成的，前一步的生成物就是下一步的反应物，如此连续进行，这种反应称为连串反应，或称连续反应。例如，苯的液相氯化，反应的产物氯苯能进一步与氯作用，生成二氯苯、三氯苯……

$$C_6H_6 + Cl_2 \longrightarrow C_6H_5Cl + HCl$$

$$C_6H_5Cl + Cl_2 \longrightarrow C_6H_4Cl_2 + HCl$$

$$C_6H_4Cl_2 + Cl_2 \longrightarrow C_6H_3Cl_3 + HCl$$

2.3.2   燃烧化学反应速率理论

着火条件的分析、火势发展快慢的估计、燃烧历程的研究及灭火条件的分析等，都要用到燃烧反应速度方程。此方程可以根据化学动力学理论得到。

2.3.2.1   反应速率的基本概念

化学反应进行得快慢可以用单位时间内在单位体积中反应物消耗或生成物产生的物质的量来衡量，称之为反应速率 ω（mol/（m³·s），对于反应物是消耗速度，对于生成物是生成速度），用公式表达为：

$$\omega = \frac{dn}{Vdt} = \frac{dc}{dt} \tag{2-20}$$

式中 ω——反应速率，mol/（m³·s）；

     V——体积，m³；

     dn——物质的量的变化量，mol；

     dc——摩尔浓度的变化量，mol/m³；

     dt——发生变化的时间，s。

2.3.2.2   质量作用定律

化学计量方程式表达反应前后反应物与生成物之间的数量关系，但是，这种表达式描述的只是反应的总体情况，没有说明反应的实际过程，即未给出反应过程中经历的中间过程。

反应物分子在碰撞中一步转化为产物分子的反应，称为基元反应。一个化学反应从反应物分子转化为最终产物分子往往需要经历若干个基元反应才能完成。实验证明：对于单相的化学基元反应，在等温条件下，任何瞬间化学反应速度与该瞬间各反应物浓度的某次幂的乘积成正比。在基元反应中，各反应物浓度的幂次等于该反应物的化学计量系数。

这种化学反应速度与反应物浓度之间关系的规律，称为质量作用定律。其简单解释为：化学反应是反应物各分子之间碰撞后产生的，所以，单位体积内的分子数目越多，即反应物浓度越大，反应物分子与分子之间碰撞次数就越多，反应过程进行得就越快，因此，化学反应速度与反应物的浓度成正比关系。

2.3.2.3   阿累尼乌斯定律

大量的实验证明：反应温度对化学反应速率的影响很大，同时这种影响也很复杂，但是最常见的情况是反应速率随着温度的升高而加快。范德霍夫（Van't Hoff）近似规则认为：对于一般反应，如果初始浓度相等，温度每升高10℃，反应速率大约加快2~4倍。

温度对反应速率的影响集中反映在反应速度常数 K 上。阿累尼乌斯（Svante August Arrhenius）提出了反应速率常数 K 与反应温度 T 之间有如下关系：

$$K = K_0 \exp\left(-\frac{E}{RT}\right)$$

$$K_0 = \pi\sigma^2 \left[\frac{8\tilde{k}T}{\pi m^*}\right]^{1/2}$$

(2-21)

式中　K——阿累尼乌斯反应速率常数，$m^3/(s \cdot mol)$；

　　　E——反应物活化能，kJ/mol；

　　　R——普适气体常数，$8.314 \times 10^{-3} kJ/(mol \cdot K)$；

　　　T——温度，K；

　　　K_0——频率因子，$m^3/(s \cdot mol)$。

式（2-21）所表达的关系通常称为阿累尼乌斯定律，它不仅适用于基元反应，而且也适用于具有明确反应级数和速度常数的复杂反应。

2.3.2.4　燃烧反应速率方程

假定在燃烧反应中，可燃物的浓度为 C_F，反应系数为 x；助燃物（主要指空气）的浓度为 C_{ox}，反应系数为 y；频率因子为 K_{0s}；活化能为 E_s；反应温度为 T_s。可写出燃烧反应速率方程，即：

$$v_s = K_{0s} C_F^x C_{ox}^y \exp\left(-\frac{E_s}{RT_s}\right)$$

(2-22)

相对于气态可燃物而言，液态和固态可燃物的燃烧反应过程更加复杂，这是因为其中伴有蒸发、熔融、裂解等现象。因此，质量作用定律和阿累尼乌斯定律用于描述这两类物质的燃烧反应，与实际情况相差就很远了。液态和固态可燃物的燃烧反应速率不能用上述方程来表达，而要采用其他表达形式。

2.4　着火及灭火理论

2.4.1　热自燃理论

现以某种可燃混合气的热自燃介绍这种理论。设在某一体积为 V、表面积为 F 的密闭空间中存在一定的可燃混合气，开始时其氧化速率很慢，但随着温度的升高，其反应速率也逐渐加快；与此同时可燃气会通过系统的壁面向外散热。若系统的放热速率大于散热速率，则到一定时间就会达到该可燃物的着火温度，进而发生着火。为了便于分析，还要作以下主要假设：

（1）密闭空间中的可燃混合气的温度与浓度分布均匀。空间的壁温在反应前与环境温度 T_0 相同，在反应过程中与混合气的温度相同。

（2）开始时刻混合气之初温与环境温度相同，为 T_0，反应过程中混合气的瞬时温度为 T，假定密闭空间内各点的温度、浓度相同。其中既无自然对流，又无强迫对流。

（3）环境与密闭空间之间有对流换热，其表面传热系数为 h，它不随温度变化。

（4）着火前反应物浓度的变化很小，即 $Y_i = Y_{i0} = $ 常数或 $\rho = \rho_0 = $ 常数。

于是系统的能量守恒方程可以写为：

$$\rho_\infty c_p \frac{\mathrm{d}T}{\mathrm{d}t} = Q_i w_i - \frac{hF}{V}(T - T_0) = \dot{Q}_g - \dot{Q}_1 \tag{2-23}$$

式中　$\dot{Q}_g$——密闭空间单位体积内混合气在单位时间内反应放出的热量，通称放热速率；

$\dot{Q}_1$——单位体积内混合气在单位时间内向外界散发的热量，通称散热速率。

现结合图 2-2 来讨论 $\dot{Q}_g$ 和 $\dot{Q}_1$ 随温度的变化情况。设可燃混合气由 A、B 两种组分组成，且反应形式为 2 级，根据阿累尼乌斯公式，可认为放热速率与温度成指数曲线关系。而系统的散热速率可认为与其内外温差呈线性关系。随着环境温度 T_0 的不同，可得到图中所示的一组平行的散热曲线。若环境温度较高，散热速率较慢，于是 $\dot{Q}_g$ 与 $\dot{Q}_1$ 有 A 和 B 两个交点。

反应开始时，可燃混合气的温度等于环境温度 T_0，因此散热损失 $Q_1 = 0$。在缓慢化学反应的影响下，混合气的温度上升。随着混合气与环境的温差逐渐增大，散热速率也逐渐增大，逐渐接近放热速率，并最终使系统的放热速率等于散热速率，即达到 A 点。故 A 点是个稳定工况点，就是说，即使系统发生微小的温度扰动，结果都能使混合气的温度回到 T_A，反应不会自动加速而着火。

从 A 点到 B 点的过程中，散热速率一直大于放热速率。对此，如果仅依靠系统自身的反应，其温度不可能继续升高。只有由外界向系统补充能量，才能使系统从 A 点过渡到 B 点。

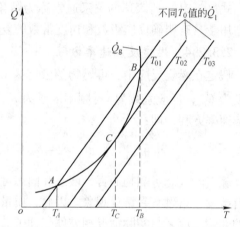

图 2-2　热自燃过程中的放热与散热曲线

B 点则是不稳定工况点。当系统到达该点时，如果某些原因致使系统的温度略有增加，则由于系统的放热速率总是大于散热速率，从而使系统达到着火温度，即自动加速至着火。相反，若对系统提供一个温度略低的扰动，则由于散热速率总是大于放热速率，系统的温度不断下降，直至返回 A 点。

根据式（2-23），如果使 hF/V 减小，或 T_0 增加，则系统的散热曲线将会向右平移。最终可出现放热曲线和散热曲线在 C 点相切的情况。C 点的物理意义是系统的放热速率与散热速率达到平衡，它也是一个不稳定工况点。若在某些因素影响下，系统的温度出现下降，则系统返回 A 点；若由于某些原因使系统的温度继续增高，则将使系统的反应自动加速直至发生着火。因此 C 点标志着系统由低温缓慢反应到自动加速反应的过渡。根据着火的定义，C 点便代表热自燃点，T_C 是该可燃混合气的热自燃温度。

2.4.2　链反应理论

对大多数碳氢化合物与空气的反应过程来说，根据热着火理论可以进行合理解释，但也有很多现象不能解释，例如氢与氧反应的三个爆炸极限，而链反应理论对此却能给出合理的解释。这种理论认为，在体系的反应过程中，可出现某些不稳定的活性中间物质，通常称之为链载体。只要这种链载体不消失，反应就一直进行下去，直到反应结束。

2.4.2.1　链反应的基本阶段

链反应一般包括链引发、链传递、链终止三个阶段。在反应过程中产生活性基团的过程称为链引发。要使反应物分子原来的较稳定的化学链断裂需要很大的能量，因此链引发是比较困难的。

为了使反应延续下去，在活性基团与反应物分子发生反应的同时，还需要继续生成新的活性基团，这一过程称为链传递。链传递是链反应的主体阶段。

当活性基团与某种性质的器壁碰撞，或与其他类型的基团或分子碰撞后，可以失去能量，从而成为稳定分子，其结果是反应停止，称为链终止。

根据链反应理论，反应的自动加速并不一定单纯依靠热量的积累，通过链反应逐渐积累活性基团的方式也能使反应自动加速，直至着火。

2.4.2.2　链反应分类

链反应可分为直链反应和支链反应。

在直链反应中，每消耗一个活性基团同时又生成一个活性基团，直到链终止。就是说在链传递过程中，活性基团的数目保持不变。氢与氯的反应是一种直链反应，其总体反应过程可写为：

$$H_2 + Cl_2 \longrightarrow 2HCl \tag{2-24}$$

式（2-24）只是对反应过程的宏观描述，实际上其中存在多个分步骤，主要包括：

$$Cl_2 + M \longrightarrow 2Cl^- + M \quad （链引发）$$
$$Cl^- + H_2 \longrightarrow HCl + H^+$$
$$\qquad\qquad\qquad\qquad （链传递）$$
$$H^+ + Cl_2 \longrightarrow HCl + Cl^-$$
$$\cdots$$
$$2Cl^- + M \longrightarrow Cl_2 + M \quad （链终止）$$

在上述反应中，一旦形成 Cl^-，就会按链传递的步骤持续进行下去。在链传递中，Cl^- 的数目保持不变。

支链反应是指一个活性基团在链传递过程中，除了生成最终产物外，还将产生 2 个或 2 个以上的活性基团，即活性基团的数目在反应过程中是逐渐增加的。

氢与氧的反应就是一种支链反应，其总体反应过程可写为：

$$2H_2 + O_2 \longrightarrow 2H_2O \quad （总反应）$$

这一支链反应可以分解为以下一些步骤：

$$H_2 \xrightarrow{h\nu} 2H^+ \quad （链引发）$$
$$H^+ + O_2 \longrightarrow OH^- + O^-$$
$$\qquad\qquad\qquad\qquad （链传递）$$
$$O^- + H_2 \longrightarrow H^+ + OH^-$$
$$OH^- + H_2 \longrightarrow H^+ + H_2O$$

$$H^+ \longrightarrow 器壁破坏$$

$$OH^- \longrightarrow 器壁破坏$$

将链传递的几个步骤相加得：

$$H^+ + 3H_2 + O_2 \longrightarrow 2H_2O + 3H^+$$

这就是说，1 个活性基团（在这里是 H^+）参加反应后，经过一个链传递，在形成 H_2O 的同时还产生 3 个 H^+，这 3 个 H^+ 又继续参与反应。随着反应的进行，H^+ 的数目不断增多，因此支链反应是不断加速的。

2.4.2.3 链反应的着火条件分析

设在链引发阶段活性基团的生成速率为 W_1，在链传递阶段活性基团增长速率为 W_2，在链终止阶段活性基团的销毁速率为 W_3。活性基团浓度 n 越大，发生反应的机会越多，可认为 W_2 正比于 n 并写为 $W_2 = fn$，f 为活性基团的生成速率常数。同时，n 越大，发生碰撞机会也越多，销毁速率 W_3 增加，即 W_3 正比于 n，写为 $W_3 = gn$，g 为链终止过程中活性基团销毁速率常数。

由于分支过程是由稳定分子分解成活性基团的过程，需要吸收能量，因此温度对 f 影响很大，温度升高，f 值增大，W_2 也随着增大。链传递过程中因分支链引起的活性基团增长速率 W_2 在活性基团数目增长中起决定作用。由于链终止反应是合成反应，不需吸收能量，因此系统温度增高，反而可加速活性基物的销毁，即令 g 下降。

在整个链反应中，活性基团数目随时间的变化率为：

$$\frac{dn}{dt} = W_1 + W_2 - W_3 = W_1 + fn - gn = W_1 + (f - g)n \qquad (2\text{-}25)$$

令 $\varphi = f\text{-}g$，则上式可写成：

$$\frac{dn}{dt} = W_1 + \varphi n \qquad (2\text{-}26)$$

当系统的温度较低时，W_2 很小，W_3 很大，可能出现 $\varphi = f\text{-}g < 0$ 的情况，反应速率不会自动加速至着火。

随着系统温度的升高，W_2 进一步增加。当升高到一定温度时，$W_2 > W_3$，即 $\varphi > 0$，活性基团数目将随时间加速增加，从而使系统发生着火。$\varphi = 0$ 是着火的临界条件，与此对应的温度可近似取为自燃温度。

2.4.3　强迫着火

2.4.3.1 强迫着火的特点

强迫着火也称为点燃，一般指用炽热的高温物体引燃火焰，使混合气的一小部分着火形成局部的火焰核心，然后这个火焰核心再把邻近的混合气点燃，这样逐层依次地引起火焰的传播，从而使整个混合气燃烧起来。下面首先分析强迫着火与自发着火的不同点：

（1）强迫着火仅仅在混合气局部（点火源附近）进行，而自发着火则在整个混合气空间进行。

（2）自发着火是全部混合气体都处于环境温度 T_0 包围下，反应自动加速，使全部可燃混合气体的温度逐步提高到自燃温度而引起的。强迫着火时，混合气体处于较低的温度状态，为了保证火焰能在较冷的混合气体中传播，点火温度一般要比自燃温度高得多。

（3）可燃混合气能否被点燃，不仅取决于炽热物体附近局部混合气能否着火，而且还取决于火焰能否在混合气中自行传播。因此，强迫着火过程要比自发着火过程复杂得多。

强迫着火过程和自发着火过程一样，两者都具有依靠热反应和（或）链式反应推动的自身加热和自动催化的共同特征，都需要外部能量的初始激发，也有点火温度、点火延迟和点火可燃界限问题。但它们的影响因素却不同，强迫着火比自发着火影响因素复杂，除了可燃混合气的化学性质、浓度、温度和压力外，还与点火方法、点火能和混合气体的流动性质有关。

2.4.3.2 电火花点火

工程上常用的点火方法有炽热物体点火、火焰点火、电火花引燃等，不论采用哪一种点火方法，其基本原理都是使混合气局部受到外来的热作用而使之着火燃烧。电火花点火是一些燃烧设备的常用点火方式，也是造成火灾的重要原因。下面对其做重点介绍。

电火花点火可以大体分为两个阶段：首先是电火花使局部气体着火，形成初始火焰中心；然后火焰由初始中心向未燃混合气中传播。如果能够形成初始火焰中心并出现稳定的火焰传播，则表明点燃成功。

电火花离开电极后，便依靠本身所具有的能量来点燃可燃混合气。对于含有某些可燃组分的混合气，在一定的温度和压力下，只有当电火花的能量大于某一极限值才能点燃成功，这一极限值称为最小点火能 E_{min}。点火能与电极间距之间的关系如图 2-3 所示。

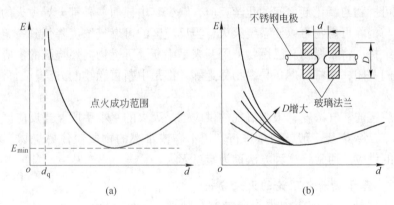

图 2-3　点火能与电极间距的关系曲线

（a）E_{min} 随 d_q 的变化；（b）电极法兰直径影响

可看出，当电极间距 d 很小时，点火比较困难。其主要原因是电极将从初始火焰中心吸收过量的热能以致火焰难以传播。在此情况下，要使点火成功，电火花必须具有很大的能量。当电极距离小到一定程度，混合气便不能用电火花点燃。这一距离称为熄灭距离（d_q）。随着 d 的增加，点火能逐渐减小，并达到最小值，而后随着 d 的继续增大而又有所增大。这种增大主要是电火花在较长距离的运动中向混合气中散失了过多的能量造成的。在可燃混合气中能够引发火焰的最小能量称为最小点火能 E_{min}。最小点火能和熄灭距离常用来表示各种可燃混合气的点燃性能。

d_q 和 E_{min} 两者之间具有如下关系：

$$E_{min} = Kd_q^2 \qquad\qquad (2\text{-}27)$$

式中　K——比例常数。

对于大多数碳氢化合物，K 值约为 $7.12×10^{-3} J/cm^2$。

可燃混合气的最小点火能和电极熄火距离主要受以下因素影响：

（1）混合气的比定压热容 c_p 越大，最小点火能越大。因为比定压热容大，混合气升温时吸收的热量多，难以很快达到着火温度。

（2）混合气的导热系数 λ 越大，最小点火能越大。因为电火花发出的能量被迅速传导出去，而与火花接触的混合气的温度却不易升高。

（3）混合气的活化能大，最小点火能也大。因为反应物不易裂解，难以生成活性基团。

（4）混合气的压力大、初温高，最小点火能小。

（5）可燃气的燃烧热 Q_i 大，最小点火能小，混合气容易点燃。

2.4.4　灭火分析

灭火是着火的反问题，也是火灾预防控制最关心的方面。实际上，着火的基本原理也为分析灭火提供了理论依据，如果采取某种工程措施，去除燃烧所需条件中的任何一个，火灾就会终止。基本的灭火方法有以下几种。

2.4.4.1　降低系统内的可燃物或氧气浓度

燃烧是可燃物与氧化剂之间的化学反应，缺少其中任何一种都会导致火的熄灭。在反应区内减少与消除可燃物可以使系统灭火，当反应区的可燃气浓度降低到一定限度，燃烧过程便无法维持。将未燃物与已燃物分隔开来是中断了可燃物向燃烧区的供应，将可燃气体和液体阀门关闭，或将可燃、易燃物移走等，都是中断可燃物的方法。通常将这种方法称为隔离灭火。

降低反应区的氧气浓度，限制氧气的供应也是灭火的基本手段。当反应区的氧浓度约低于15%后，火灾燃烧一般就很难进行。用不燃或难燃的物质盖住燃烧物，就可断绝空气向反应区的供应。通常将这种方法称为窒息灭火。

2.4.4.2　基于热着火理论的灭火分析

降低反应区的温度是达到灭火的重要手段，这可以依据反应体系的热平衡做出定量的分析。当反应区的温度为 T_{01} 时，反应体系的放热曲线和散热曲线可以出现交点 A 和切点 D；当反应区的温度为 T_{02} 时，体系的放热曲线和散热曲线可出现 A_2、B、E_2 三个交点，这时的稳定燃烧状态对应于 E_2 点；当反应区的温度为 T_{03} 时，体系的放热曲线和散热曲线将出现切点 C 与交点 E_3，见图2-4。

对于已经着火的体系，当环境温度降低至

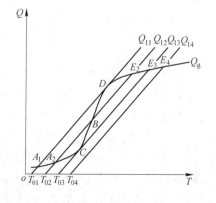

图2-4　通过降低环境温度使系统灭火

T_{02}时，稳定燃烧点由E_3移到E_2。而因E_2是稳定点，系统则在此进行稳定燃烧。这表明，系统环境温度降到着火时的环境温度，系统仍不能灭火。

当环境温度降低到T_{01}时，放热曲线与散热曲线相切于D点，但D是个不稳定点，系统一旦出现降温扰动，就会使散热速率大于放热速率，系统的工作点便会迅速移到A_1，而A_1代表缓慢氧化状态，其物理意义是系统灭火。

因此，系统的灭火临界条件是放热曲线与散热曲线在D点相切。这与着火临界条件为在C点不同。系统灭火的临界条件可写成：

$$Q_g = Q_1$$
$$\left.\frac{\partial Q_g}{\partial T}\right|_E = \left.\frac{\partial Q_1}{\partial T}\right|_E \qquad (2\text{-}28)$$

通过改变系统的散热条件也能达到灭火的目的。设环境温度T_0保持不变，在某种散热条件下，可得到系统在E_3点进行稳定燃烧（见图2-5）。系统散热状态改善，散热曲线的斜率逐渐增大，以致使散热曲线与放热曲线相切于C点，相应的燃烧状态由E_3点移向E_2，由于E_2仍是稳定燃烧态，系统不能灭火。继续增大散热曲线的斜率，最终使散热曲线与放热曲线相切于D点，因D点是不稳定点，系统将向A_1移动，并在A_1进行缓慢氧化，于是系统完成了从高温燃烧态向低温缓慢氧化态的过渡，即系统实现了灭火。

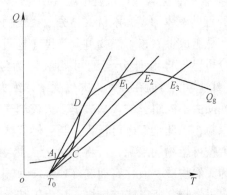

图2-5 通过改善系统散热条件使系统灭火

2.4.4.3 依据链反应理论的灭火分析

依据链反应着火理论，若要使已着火系统灭火，必须使系统中的活性基团的销毁速率大于其增长速率。燃烧区中的活性基团主要有 H、OH、O 等，尤其是 OH 较多，在烃类可燃物的燃烧中具有重要作用。加大这些基团销毁的主要途径有：

（1）增加活性基团在气相中的销毁速度。活性基团在气相中碰到稳定分子后，会把本身能量传递给稳定分子，而自身也结合成稳定分子。例如，将某些含溴的物质送入高温燃烧区时，将会生成HBr，而HBr在燃烧过程中可发生下述反应：

$$OH^- + HBr == Br + H_2O$$
$$H^+ + HBr == H_2 + Br^-$$
$$Br^+ + RH == HBr + R \qquad (2\text{-}29)$$

这样系统中的OH^-、H^+便会不断减少，从而燃烧终止。

（2）增加活性基团在固体壁面上的销毁速度。在着火系统中加入惰性固体颗粒，可以增加活性基团碰撞固体壁面的机会。例如，将三氧化二锑（Sb_2O_3）与溴化物同时喷入燃烧区，可生成三溴化二锑（Sb_2Br_3），而Sb_2Br_3可迅速升华成极细的颗粒，分布在燃烧区内，于是除了可发生式(2-29)所示的反应外，还可以发生如下反应：

$$H+Br+M == HBr+M \qquad (2\text{-}30)$$

（3）降低反应系统的温度。在温度较低的条件下，活性基团增长速度将大大减慢。

对于不同类型的火灾应当采取不同的灭火方法，灭火方法不当不仅无法取得好的灭火效果，而且还会造成火灾的扩大。

2.5　典型可燃物燃烧过程分析

2.5.1　可燃物类型及组成

2.5.1.1　可燃物的主要种类

常见的可燃物种类繁多。按形态不同，可分为气态、液态和固态可燃物，氢气（H_2）、一氧化碳（CO）、甲烷（CH_4）等为常见的可燃气体，汽油、柴油、酒精等为常见的可燃液体，煤、木材、高分子聚合物等为常见的可燃固体。

从组成上看，可燃物可分为纯净物质和混合物。纯净物质指由一种分子组成的物质，部分可燃气体和低分子的可燃液体为纯净物质，例如氢气、一氧化碳、甲烷、乙烷（C_2H_6）等。然而在实际火灾过程中，绝大部分可燃物都是多种纯净物质的混合物，其燃烧性质由不同组分的含量决定。火灾烟气中通常也含有多种可燃气体、可燃液滴和可燃固体颗粒，因此烟气也可视为一类可燃气体。

按可燃物的来源，可将其分为天然物质和人工合成物质。天然气（LNG）、石油、煤等为天然物质，液化石油气（LPG）、城市煤气、高分子聚合物等为人工合成物质。

可燃物之所以能够燃烧，是由于其含有一定的可燃元素。自然界的可燃元素很多，如碳（C）、氢（H）、硫（S）、磷（P）等。碳是大多数可燃物的主要可燃成分，它的多少基本上决定了可燃物发热量的大小。碳的发热量为 3.35×10^7 J/kg；氢的发热量为 1.42×10^8 J/kg，是碳的4倍多。硫和磷燃烧时也能放出少量热量，但其燃烧产物（SO_2、P_2O_5 等）具有较大危害。许多金属也容易发生燃烧，例如锂（Li）、钠（Na）、钾（K）、铍（Be）、铝（Al）等。此外，在火灾爆炸领域讨论可燃物时，还需要注意某些添加元素，如氯（Cl）、氟（F）、氮（N）等，它们在火灾爆炸过程中往往会产生毒性与腐蚀性很强的物质。

为了定量计算燃烧过程中的物质转换和能量转换，需要了解可燃元素及由其构成的各类可燃化合物的燃烧特性。元素在发生燃烧后既可以生成完全燃烧产物，也可生成不完全燃烧产物，不完全燃烧产物还可进一步燃烧生成完全燃烧产物。例如，碳燃烧可生成一氧化碳，也可生成二氧化碳，而一氧化碳可进一步燃烧生成二氧化碳；硫化氢燃烧可以生成二氧化硫（SO_2），也可以生成三氧化硫（SO_3）。

严格地讲，可燃物与不燃物之间并没有明显的界限。如在常温、常压下，铁和铜都不能燃烧，但在纯氧中炽热的铁或铜就可发生剧烈燃烧反应。不过一般不把铁和铜作为可燃物对待。又如聚氯乙烯、酚醛塑料等高分子聚合物，在强烈的火焰中能够燃烧，一旦离开火焰便不能燃烧，这类物质一般称为难燃物。

2.5.1.2　可燃物组成分析

了解可燃物的基本组成是掌握其燃烧性能的重要条件。对可燃物的组成，主要有工业分析、元素分析和成分分析等三种组成表示法。

固体可燃物的组成通常用工业分析组成和元素分析组成来表示。工业分析法将可燃固体划分为水分、灰分（A）、可燃挥发分（V）和固定碳（FC）等四种组分，它们在可燃物中的含量用各种组分的质量分数（百分数）表示，即：

$$w(H_2O)+w(A)+w(V)+w(FC)=100\% \tag{2-31}$$

元素分析法将可燃固体分为基本可燃化学元素和两种不可燃组分，基本可燃化学元素为碳（C）、氢（H）、氧（O）、硫（S）、氮（N），两种不可燃组分为水分和灰分（A）。元素分析组成也用质量分数表示，即：

$$w(C)+w(H)+w(O)+w(N)+w(S)+w(H_2O)+w(A)=100\% \tag{2-32}$$

工业分析给出的水分代表可燃固体中各种水分的总含量，包括以化学吸附形式存在的内在水分、结晶水，以及以物理吸附或浸润方式存在的外在水分；灰分则代表无机矿物质的含量，如碳酸盐、黏土矿物质等，上述两者均为不可燃组分。挥发分和固定碳为可燃组分，其中挥发分代表可燃物中易挥发可燃组分的含量，而固定碳代表可燃物中不挥发性可燃组分的含量。

针对固体可燃物而言，仅知道其工业分析组成尚不能满足研究和计算的需要，还需要使用可燃物的元素分析组成。例如在计算可燃物燃烧理论空气需要量、烟气生成量时都需要了解某些元素的含量。元素分析则可给出 C、H、O、S、N 五种元素在可燃物中的质量百分比，它们的含量可通过一定的化学分析方法测定，但元素分析的结果并不反映它们结合成的有机体的具体形式。

与可燃固体相比，可燃液体的组成较为简单。例如，石油基可燃液体是由多种芳香烃、烷烃、环烷烃以及含氧和含硫的化合物组成的，这些可燃物质受热时容易转化为气态，因而进行该类可燃物的工业分析时，仅需测定其水分和灰分含量。然而在不同的可燃液体中，各种烃的含量差别很大，因而精确测定其含量仍很困难。不过，从研究燃烧的整体效果出发，利用元素分析结果基本可以满足工程计算的需要。

与可燃固体、液体相比，可燃气体的组成最为简单，它们大多为多种低分子碳氢化合物的组合。最常见的低分子烃类有 CH_4、C_2H_6、C_3H_8、C_2H_4、C_3H_3 等。目前一般用气体成分分析法就可以直接测定这些组分的含量。

成分分析法不仅用来分析气体燃料的成分，还常用来分析燃烧产物的成分，因而是燃烧及火灾研究中一种重要的分析手段。

可燃气体的组成用各单纯成分所占的体积百分比表示，即：

$$\varphi(CO^s)+\varphi(H_2^s)+\varphi(CH_4^s)+\cdots+\varphi(CO_2^s)+\varphi(N_2^s)+\varphi(O_2^s)+\varphi(H_2O^s)=100\% \tag{2-33}$$

式中，上标 s 表示各组成按湿气体计算，即其中包括了水分组成。可燃气体中水分含量等于该温度下的饱和水蒸气含量。当温度发生变化时，可燃气体中的饱和水蒸气量也随之变化。为了准确反映可燃气体的燃烧性能，一般采用气体燃料的干成分组成，写为：

$$\varphi(CO^g)+\varphi(H_2^g)+\varphi(CH_4^g)+\cdots+\varphi(CO_2^g)+\varphi(N_2^g)+\varphi(O_2^g)=100\% \tag{2-34}$$

式中，上标 g 表示各组成按干气体计算。

可燃气体的干、湿成分的换算关系是：

$$\varphi(X^s)=\varphi(X^g)\left[100\%-\varphi(H_2O^s)\right] \tag{2-35}$$

2.5.2　气体燃烧

2.5.2.1　可燃气体的燃烧形式

可燃气体和氧化剂（通常为空气或氧气）同为气相物质，他们之间发生的燃烧为同相燃烧。可燃气体的燃烧有预混燃烧（premixed combustion）和扩散燃烧（diffusion combustion）两种基本形式。预混燃烧为燃料和空气先混合再燃烧；而扩散燃烧则是两者边混合、边燃烧。

预混燃烧过程中，可燃气体在混合气中的浓度通常用过量空气系数 α_1 表示。$\alpha_1 = 0$ 表明可燃气没有与空气进行预混，所发生的燃烧受扩散控制；$\alpha_1 = 1$ 表明可燃气体与氧化剂处于化学当量比；$\alpha_1 > 1$ 则表明预混气中的空气偏多。在后两种情况下发生的燃烧为全预混燃烧。而 $0 < \alpha_1 < 1$ 则表明可燃气体的浓度大于化学当量比，此时发生的燃烧是一种半预混燃烧。通常，预混火焰为蓝色，而扩散火焰为黄色，且亮度大。

2.5.2.2　预混燃烧及影响因素

A　预混燃烧

在较多场景下都可发生可燃气体与空气的预混燃烧，其中有些是人为的，例如在工程燃烧装置中，在某些容器内使可燃气体与空气预先混合再行燃烧，从而使燃烧得到强化；也有些是自然因素或某种事故造成的，例如可燃气体从储存容器中泄漏，与空气混合所发生的燃烧。

可燃气体在混合气中的浓度、混合气的压力和温度等参数都对预混燃烧状况具有一定影响。在一定的温度、压力条件下，可燃气体在混合气中的浓度低于或高于某一值时，都不会被点燃。通常将能够被点燃的可燃气的最小浓度称为其着火浓度下限，最大浓度称为其着火浓度上限。由于可燃气体的预混燃烧与在受限空间中的化学爆炸在本质上是相同的，故着火浓度极限也称为爆炸浓度极限。

对于一定浓度的可燃混合气，还存在一定的临界着火温度和临界着火压力。达不到这种温度与压力，混合气将不会着火。若可燃气体的浓度不变，其临界着火温度和临界着火压力的关系可用图 2-6(a) 表示；若临界压力 p_c 不变，临界着火温度与可燃气体浓度的关系如图 2-6(b) 所示；若 T_c 不变，临界着火压力与可燃气体浓度的关系如图 2-6(c) 所示。该曲线表明，控制可燃气体的浓度及环境温度是防止其着火的有效措施。

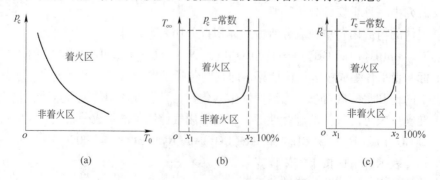

图 2-6　可燃混合气着火极限的影响因素
(a) 浓度不变；(b) 临界压力不变；(c) 临界着火温度不变

表2-1 则列出了常见可燃气体和液体蒸气的可燃浓度极限。

表2-1 常见可燃气体和液体蒸气的可燃浓度极限

气体名称	可燃浓度极限/%		气体名称	可燃浓度极限/%	
	下限	上限		下限	上限
氢气	4.0	75.0	一氧化碳	12.5	74.0
甲烷	5.0	15.0	氨	15.0	28.0
乙烷	3.0	12.5	硫化氢	4.3	46.0
丙烷	2.1	9.5	苯	1.5	9.5
丁烷	1.6	8.4	甲苯	1.2	7.1
戊烷	1.5	7.8	甲醇	6.0	36.0
乙烯	2.75	36.0	乙醇	3.3	18.0
丙烯	2.0	11.1	1-丙醇	2.2	13.7
乙炔	2.5	82.0	乙醚	1.85	40.0
丙酮	2.0	13.0	甲醛	7.0	73.0

若在容器内均匀充满可燃混合气，当用具有一定强度的点火源在其某一局部加热时，该局部的气体就会着火，并形成火焰，这种火焰是在点火源周围形成的一种发光的高温反应区，厚度一般为毫米量级。由于火焰区外侧还有未燃可燃混合气，由于导热作用，燃烧产生的热量会传递给周围的混合气，使其温度升高到能够发生反应的程度，并形成新的火焰。于是连续出现的火焰便像一个锋面一样向未燃混合气中传播，如图2-7所示，这层薄薄的化学反应发光区一般称为火焰阵面，火焰阵面的移动速度称为火焰传播速度，混合气体的燃烧速度通常用火焰传播速度表示。

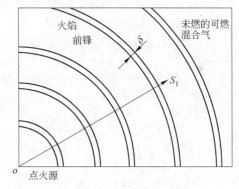

图2-7 预混火焰的传播

混合气体的流动状态对火焰传播速度具有重要影响。火焰阵面的位置将依据火焰传播速度与气流速度的相对大小而变动。混合气体的流动可以呈层流状况，也可呈湍流状况，与此相应，预混火焰速度可分为层流火焰传播速度和湍流火焰传播速度。

预混燃烧的层流火焰速度是由可燃气体的物性决定的，在常温常压下，其量级为 $1\sim3m/s$。湍流火焰速度不仅与气体的物性有关，而且主要与气体的湍流状态有关。在火灾中遇到的气体流动大部分处于湍流状况，因此了解湍流火焰传播速度是很有必要的。不过层流火焰传播是研究预混燃烧机理的基础，因此简要介绍层流火焰传播速度的表示方法。

设某种可燃混合气从图2-8所示的管道内流过，其速度为 u，这种情况可作为一维问题处理。若在管中某位置点火成功，则形成的火焰面将向可燃混合气的来流方向传播。又设在此情况下的火焰为层流火焰，其传播速度为 S_1，则火焰的绝对速度为两者之差，即：

$$\Delta u = u - S_1 \qquad (2\text{-}36)$$

若气流速度小于火焰传播速度,火焰面将向混合气来流方向传播;若气流速度大于火焰传播速度,火焰面将被气体吹向下游;若两者的大小相等,火焰可在一定位置驻定下来。于是通过确定混合气体的来流速度就可以算出火焰传播速度,这是测量预混火焰传播速度的一种方法。

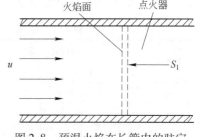

图 2-8　预混火焰在长管内的驻定

图 2-9 给出了常见可燃气体在常温、常压条件下与空气混合时的层流火焰传播速度。由图可见,H_2 的最大火焰传播速度可接近 5m/s,其火焰稳定范围也比较宽,着火浓度上、下限分别为 75.0% 和 4.0%;而甲烷的火焰传播速度则小于 1m/s,其火焰稳定范围较窄,着火浓度上、下限分别为 15.0% 和 5.0%。

B　预混火焰的稳定及其影响因素

a　预混火焰在喷口处的稳定

在燃烧过程中,可燃混合气经常是从具有一定截面积的喷口喷出并燃烧,在管口处形成近似圆锥形的火焰(如图 2-10 所示)。火焰传播速度与来流速度的关系可用下式表示:

$$u\cos\phi = u_n = S_1 \qquad (2\text{-}37)$$

式中　u——主气流速度(图 2-10 中 u_n 和 u_p 分别为在火焰面某点处主气流的垂直与平行于火焰面的分速度);

　　　ϕ——主气流速度与 u_n 的夹角。

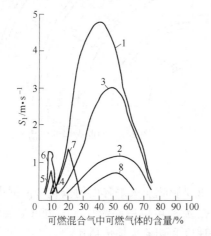

图 2-9　火焰传播速度 S_1 与燃料性质和混合成分关系

1—氢;2——氧化碳;3—氢与一氧化碳混合物;4—甲烷;
5—乙烷;6—乙烯;7—焦炉煤气;8—发生炉煤气

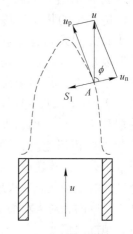

图 2-10　预混火焰在喷口处的稳定

随着来流速度的变化,火焰面可通过改变 ϕ 角的大小维持在喷口。当 u 减少时,ϕ 角亦减少,但如果 ϕ 角接近 0° 仍无法满足上式,则火焰会窜入喷口,这种现象称为回火。相反,当 u 增大时,ϕ 角也增大,但如果 ϕ 角接近 90° 仍无法满足上式,火焰将被吹离喷口,这种现象称为脱火。

从安全角度出发,回火容易引起输送与储存可燃气体的容器发生爆炸,而脱火则会造成可燃气体在喷口周围的积累，一旦遇到明火便会迅速着火，造成大规模的爆燃。

b 影响预混火焰稳定的因素

预混火焰能够稳定在管口要受到多种因素的影响，其中最主要的因素是可燃气体在混合气中的浓度。下面用 α_1 来表示可燃气体在混合气中的浓度大小来进行分析。这种因素影响的根本原因是预混火焰的传播速度发生了变化。研究表明，在 $\alpha_1 = 1$ 附近时，火焰传播速度最大；当 α_1 过大或过小时，其火焰传播速度都要减小。当达到一定值时，火焰便无法传播了，而这反映出已经到了该可燃气的着火浓度极限。

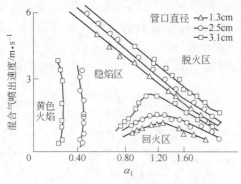

图 2-11 预混气体燃烧时的火焰稳定范围

图 2-11 为某种天然气与空气形成的混合气的预混火焰稳定范围的示意图。可见对于直径为 3.1cm 的管口，当 $\alpha_1 < 0.3$ 时，除了存在预混火焰外，还出现黄色的扩散火焰；随着 α_1 的燃气浓度增大，尽管气流速度变化很大，火焰仍不会被吹脱，即火焰的稳定范围较宽；而当气流速度不太高但 α_1 在 1 左右时出现回火现象，回火界限呈倒 U 字形。可燃气体浓度较大或较小都不容易回火。可燃气体与空气的混合越接近化学当量比，就越容易出现回火。

由图 2-11 还可看出，喷口的直径对火焰稳定范围存在一定影响。随着喷口面积增大，火焰稳定范围有所减小，更容易发生回火，其主要原因是大口径喷口处的气流流场不均匀，更容易发生湍流，而这可导致火焰传播速度发生变化。

在通常的燃烧状况下，燃烧区的压力变化不太大，故压力的影响变化不明显。但燃烧区温度的变化经常显示出重要作用，火焰的稳定范围随温度升高而加宽，基本原因是温度升高有助于可燃气体的燃烧反应速率增大，从而使其着火浓度极限加宽。

2.5.2.3 气相扩散燃烧

若可燃气体从储存容器或输送管道中喷泻出来，且当即被点燃，则呈现为典型的射流扩散燃烧。扩散燃烧也可分为层流和湍流两种情况。若燃料气喷出的速度较低，形成层流火焰，图 2-12 为这种扩散火焰的示意图。可以看出，这种火焰可以分为四个区域，即外围的纯空气区、中央的纯可燃气区、空气与可燃产物的混合区（Ⅰ区）、燃烧产物与可燃气的混合区（Ⅱ区）。在火焰面上，空气与可燃气发生化学当量比燃烧。

火焰高度是衡量层流扩散火焰的重要参数之一，是指从可燃气喷口平面算起，沿喷

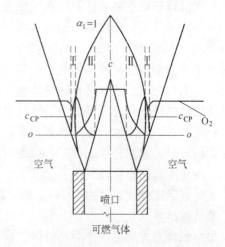

图 2-12 可燃气体层流扩散火焰结构示意图

口轴线向上，可燃气体最先遇到新鲜空气的位置。简化分析可得，层流火焰高度与燃料气的体积流量成正比，与其扩散系数成反比，即：

$$L_c = K_c V/D = K_c u R^2/D \tag{2-38}$$

式中　V——可燃气的体积流量；

D——气体的扩散系数；

u——可燃气的平均流速；

R——喷口的当量半径；

K_c——修正系数。

随着可燃气流速的增大，火焰将逐渐由层流转变为湍流。试验表明，当喷口处的雷诺数约为 2000 时，进入由层流向湍流的转变区；当雷诺数达到某一临界值（一般小于10000），进入了完全湍流燃烧，这时整个火焰面几乎完全发展为湍流。试验表明，湍流火焰的高度大致与喷口的半径成正比，与可燃气的流速无关，通常表示为：

$$L_T = K_T R \tag{2-39}$$

式中　L_T——湍流火焰高度；

K_T——修正系数。

湍流火焰的高度还常用下式估算：

$$L_T = \frac{R}{\beta}[0.7(1+n)-0.29] \tag{2-40}$$

式中　β——湍流结构系数；

n——可燃气在空气中发生化学当量比燃烧时的燃料-空气比。

如果发生燃烧所需的空气供应不足，则可燃气体在高温下容易发生热解，特别是分子较大的碳氢化合物的热解比较严重，如丁烷、乙烯、乙炔等。热解生成的碳烟难以燃烧，容易对环境造成污染。

2.5.3　液体燃烧

2.5.3.1　可燃液体燃烧的基本形式

可燃液体燃烧主要包括蒸发和气相燃烧两大阶段，液体蒸发是发生燃烧的先决条件。如果在室温条件下，液体周围的蒸气浓度已经达到着火浓度，则这种蒸气与空气混合物遇到合适的点火源就会被点燃并持续燃烧；如果在室温条件下，液体周围的蒸气浓度没有达到着火浓度，则需要对液体加热，使蒸发加快，一直达到着火浓度。通常一旦形成了持续燃烧后，火焰向周围液体进行热量传递，使得未燃液体蒸发速率增大，形成稳定燃烧。可燃液体燃烧的特点是边蒸发、边与空气混合，进而发生持续燃烧。

此外，可燃液体也会因受热而发生裂解，若燃烧过程中缺乏足够的氧气供应，或者虽然供给较充分，但混合状况不好，可燃液体也容易裂解，生成轻质的碳氢化合物和重质的炭黑。轻质碳氢化合物以气态形式燃烧，而炭黑则在燃烧过程的后期以固相燃烧形式燃烧。液体遇到的温度超过 400℃ 时，热解就相当严重了。重质可燃液体的黏度越大，蒸发慢，裂解越严重。

根据燃烧方式的不同，可燃液体燃烧可分为蒸发燃烧、雾化燃烧、液面燃烧和沸溢燃烧等形式。

蒸发燃烧是将可燃液体通过一定的管道，利用燃烧时所放出的一部分热量（如高温烟气的热量）加热管中的燃料，使其蒸发，然后再像可燃气体那样燃烧。蒸发燃烧适宜于黏度不大、沸点较低的轻质可燃液体。

雾化燃烧是通过一定的方式把可燃液体破碎成粒径从几微米到几百微米的小液滴，悬浮在空气中边蒸发、边燃烧。由于燃料的表面积大大增加，因而这时的燃烧速度相当快，且燃烧反应比较完全。

液面燃烧是在可燃液体表面直接发生的燃烧。在液面燃烧过程中，可燃蒸气与空气靠扩散方式混合，两者很难实现均匀掺混。因而在燃烧过程中，高温火焰贴近液面，容易导致可燃液体严重热解，冒出大量黑烟，可对环境造成严重污染。

重质可燃液体（如重油）还可以发生一种称为沸溢（boiling over）的燃烧。该类油品中大都含有一定的水分，而水的密度一般都比油的密度大，水分会沉降到容器的底部。这种油品着火时，其内层的温度也会随之升高，以致使容器底部的水分达到沸点，发生汽化。当生成的水蒸气量很大时，会产生很大的压力，以致发生一种沸腾式喷发，将水分上面的油层抛向空中并发生燃烧，这就是沸溢。这种燃烧的强度大，影响范围广，具有极大的火灾危害性。

2.5.3.2 可燃液体着火前的吸热

液体由常温到着火是一个吸热过程，此过程大体可分为三个阶段。首先是燃料液滴需加热到它的汽化温度；其次是吸收汽化潜热，发生相变，成为可燃蒸气；再次是可燃蒸气被加热到着火温度，而后才能发生燃烧，将1kg可燃液体预热到着火温度所需要的热量可表示为：

$$q = c_{p1}(T_1 - T_0) + L + c_{p2}(T_2 - T_1) + K\alpha L_0 c_{p3}(T_2 - T_3) \tag{2-41}$$

式中　c_{p1}——液体的平均比定压热容，约为 2.8kJ/(kg·K)；

T_1——液体的汽化温度，℃；

T_0——液体的初始温度，℃；

L——液体的汽化潜热，kJ/kg；

c_{p2}——可燃蒸气的平均比定压热容，约为 1.254kJ/(kg·K)；

T_2——液体的着火温度，℃；

α——过量空气系数；

L_0——液体燃烧的理论空气量，kg；

T_3——空气的初始温度，℃；

K——着火前空气参加化学反应所必需的份额，

　　一般取 0.3；

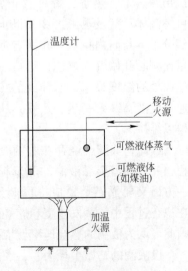

c_{p3}——燃烧所需空气的比定压热容，kJ/(kg·K)。

以燃油为例，按上式计算，其着火前所吸收的热量为 2508～3762kJ/kg，占燃油发热量的 10% 左右。

2.5.3.3 闪燃与闪点

如图 2-13 所示，当可燃液体被加热时，液面上逐渐蒸发形成蒸气，并与空气混合，遇火源后，首次出现一闪即灭的现象，这种现象称为闪燃；出现闪燃时的最低温度值即为该可燃液体的闪点。

图 2-13　闪点测试原理图

　　闪点是评价可燃液体火灾爆炸危险等级的最主要指标。可燃液体的闪点越低，火灾危险性越大，常见可燃液体的闪点如表2-2所示。根据国家相关规范的规定，可燃液体按闪点划分，可将其火灾危险等级分为两类四级，如表2-3所示。

表2-2　常见可燃液体的闪点

物质名称	闪点/℃	物质名称	闪点/℃	物质名称	闪点/℃
甲醇	7	苯	−14	醋酸丁酯	13
乙醇	11	甲苯	4	醋酸戊醇	25
乙二醇	112	氯苯	25	二硫化碳	−45
丁醇	35	石油	−21	二氧乙烷	8
戊醇	46	松节油	32	二乙胺	26
乙醚	−45	醋酸	40	飞机汽油	−44
丙酮	−20	醋酸乙酯	1	煤油	18
		甘油	160	车用汽油	−39

表2-3　常见易燃、可燃液体的闪点及火灾危险分类

类　别	级　别	闪　点	举　例
易燃液体	一　级	低于28℃	汽油、苯
	二　级	28～45℃	煤油、松节油
可燃液体	三　级	46～120℃	柴油、酚、硝基苯
	四　级	高于120℃	润滑油、甘油、桐油

2.5.3.4　液滴的燃烧

　　液雾是由大量小液滴组成的，研究单个液滴（如油珠）的燃烧过程有助于加深对液雾燃烧特点的理解。现结合图2-14分析液滴的燃烧速率及燃尽时间。

　　当单个液滴置于高温含氧介质中时，将依次历经蒸发、热解、着火及正常燃烧的过程。可燃液体蒸气及热解产物不断向外扩散，同时氧分子不断向内扩散，在两者混合达到化学当量比例时开始着火燃烧，形成一个火焰面。火焰面处的温度最高，所释放的热量又向液滴传递，使液滴继续受热、蒸发，从而使燃烧过程得以维持。

　　因此，液滴燃烧存在着两个相互依存的过程，一方面需要靠液滴的蒸发提供可燃物，另一方面又要靠燃烧反应提供蒸发所需的热量。在稳态过程中，蒸发速度和燃烧速度是相等的。因此可认为液滴的燃烧速率就取决于蒸发速度。

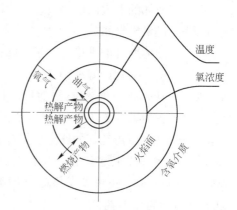

图2-14　液滴燃烧过程示意图

　　设液滴的初始半径为r_0，经过$d\tau$的时间燃烧后变成r，在此时间内火焰对液滴的传热效率为：

$$dQ = 4\pi r^2 \alpha (T_1 - T_0) d\tau \tag{2-42}$$

式中　T_1——周围介质的温度；

　　　T_0——液滴的温度；

　　　α——换热系数。

由这种传热速率引起的液体汽化的蒸发速率为：

$$dG = \frac{dQ}{L_v} \tag{2-43}$$

式中　L_v——液体的蒸发潜热。

设在时间 τ 内液滴的半径减少为 dr，于是有：

$$dG = -4\pi r^2 \rho_0 dr \tag{2-44}$$

式中　ρ_0——液体在沸点状态时的密度。

将式（2-42）和式（2-44）代入式（2-43）得：

$$-\rho_0 \frac{dr}{d\tau} = \alpha \frac{T_1 - T_0}{L_v} \tag{2-45}$$

将该式积分，即得液滴燃烧完毕（即半径由 r_0 变为 0）所需的时间：

$$\tau = \rho_0 L \int_0^{r_0} \frac{dr}{\alpha (T_1 - T_0)} \tag{2-46}$$

传热系数 α 与介质（或液滴）的运动状态有关，通常由试验方法得出，并将其用 Nu 表示，即：

$$\alpha = \frac{\lambda}{d} Nu \tag{2-47}$$

式中　λ——气体介质的导热系数；

　　　d——液滴的直径。

当液滴很小或相对运动速度很小时，$Nu \approx 2$，则 $\alpha = \lambda / r$。又设液滴沸点为 T_K。则 $T_0 = T_K$，对式（2-46）进行积分可得：

$$\tau = \frac{\rho_0 \dfrac{L}{\lambda}}{2(T_1 - T_K)} r_0^2 = \frac{r_0^2}{K} \tag{2-48}$$

式中　K——描述液滴燃烧的比例常数。

该式表明，液滴全部燃烧所需的时间与液滴的半径的平方成正比。同时，液滴的燃烧速率与周围介质的温度有关，周围介质的温度越高，越有利于液体的燃烧。

2.5.3.5　雾化燃烧

液雾是由大量微小的液滴悬浮在空气中形成的，液滴的大小是影响雾化燃烧的主要因素。一定量的可燃液体雾化得越细，产生的小液滴越多，则液体的总的表面积越大，于是蒸发得越快，也就越有利于与氧化剂混合及发生气相燃烧。例如，1kg 汽油呈单个球状时，其直径为 135mm，表面积为 0.0752m²。如果将它雾化成 30μm 左右的油雾时，液滴数可达 9.2×10^{11} 个，其总表面积为 260m²，其蒸发条件比单个大液滴优越得多。

液雾的燃烧强度要比池火燃烧大得多，一旦失去控制，所造成的后果也很严重。因而在火灾预防控制中应当对可燃液体雾化燃烧给予足够的重视。例如，由于事故导致储存可燃液体的高压储罐或管道发生破裂，则液体就会从破口处喷出而形成液雾，一旦被点燃，就有可能发生较为猛烈的爆炸，造成巨大的破坏。

2.5.3.6   池火燃烧

液体是可流动的，在固体壁面的阻挡下，可形成不同形状的液池，故液面燃烧有时也称为池火（pool fire）。敞口的罐、桶和坑等均可视为某种具有固定边界的液池。可燃液体一旦着火，火焰就会迅速蔓延到液池的整个表面。若液体从容器中流出来被点燃，则可能形成边流动、边燃烧的流淌火。因为其燃烧表面积不断扩大，且发展方向不易确定，所以会造成极大的破坏。

A   池火中燃烧速率的变化特点

液池的表面积是决定池火特性的重要参数。油罐、油盘等容器的火灾，在燃烧过程中，其表面积的变化一般不大。在这种情况下，液体的质量燃烧速率可用液面的下降速率 R（mm/min）表示。

图 2-15 给出了若干油品的燃烧速率随油池直径的变化情况。由图可见，池火的液面下降速率及火焰高度随容器直径的变化可分为三个区域：当液池直径 D 小于 0.03m 时，火焰处于层流状况，液面下降速率 R 随 D 的增大而下降；当 $D>1.0$m 时，火焰变为充分湍流状况，即使 D 增大，R 也基本不变；而在 0.03m$<D<$1.0m 的范围内，火焰处于层流与湍流的过渡区，R 由缓慢下降转变为上升。

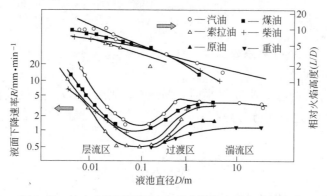

图 2-15   池火中液面下降速率和火焰高度随直径的变化

液体的质量燃烧速率 $\dot{m}$ 的变化可根据下式进行分析：

$$\dot{m}'' = (\dot{Q}_F'' + \dot{Q}_E'' - \dot{Q}_L'')/L_v \tag{2-49}$$

式中 $\dot{Q}_F''$——火焰供给液面的热通量；

       $\dot{Q}_E''$——其他热源供给液面的热通量；

       $\dot{Q}_L''$——通过燃料表面的热损失速率；

       L_v——该液体的蒸发潜热。

在自然燃烧情况下，$\dot{Q}_F''$ 是液体所获得的热量的主要来源，液面的下降速率便由下式给出：

$$R = \frac{1}{\rho L_v}(\dot{Q}_F'' + \dot{Q}_E'' - \dot{Q}_L'')$$ (2-50)

式中　ρ——液体的密度。

B　池火中火焰对液体的加热分析

$\dot{Q}_F''$ 是决定池火燃烧状况的主要因素，实际上它为导热、对流和辐射三部分之和，即：

$$\dot{Q}_F'' = \dot{Q}_{cd}'' + \dot{Q}_{cv}'' + \dot{Q}_{rd}''$$ (2-51)

导热项指的是通过容器边缘对液面传递的热量，可写为：

$$\dot{Q}_{cd}'' = K_1 \pi D (T_F - T_L)$$ (2-52)

式中　T_F，T_L——火焰和液体的温度；

　　　　K_1——综合考虑各种导热项而引起的系数；

　　　　$\dot{Q}_{cv}''$——对液面的对流传热，可写为：

$$\dot{Q}_{cv}'' = K_2 \pi \frac{D^2}{4}(T_F - T_L)$$ (2-53)

式中　K_2——对流传热系数（表面传热系数）。

辐射传热可由下式给出：

$$\dot{Q}_{rd}'' = K_3 \pi \frac{D^2}{4}(T_F^4 - T_L^4)[1 - \exp(-K_4 D)]$$ (2-54)

式中，K_3 包括斯忒藩-玻耳兹曼常量和由火焰对液面传热的形状因子；而 $1 - \exp(-K_4 D)$ 是火焰辐射项，其中 K_4 是考虑关联平均光程与液池直径的比例及火焰中辐射组分的浓度而设的修正系数。将这几项代入式（2-51）中，可求出火焰对液面的总辐射通量 $\dot{Q}_F''$。

根据这些关系，可以给图 2-15 中的曲线形状予以合理解释。当 D 较小时，导热对燃烧速率起着决定作用，火焰热量的很大一部分将传给容器壁面，而容器壁面通过导热对液体加入较多的热量，故燃烧速率较高；随着 D 的增大，这种导热作用逐渐减弱，使燃烧速率降低；然而液面上方的火焰对液面的辐射作用却逐渐增强，于是液面的燃烧速率由下降开始逐渐回升；以致可以对燃烧速率起控制作用。但 D 增大到一定值后，壁面对液面上方的火焰形式已无大的影响，于是便出现了 R 趋于定值的状况。

2.5.3.7　沸溢和喷溅

含有水分、黏度较大的重质石油产品，如原油、重油储罐等发生火灾时，有可能发生沸溢或喷溅现象。此时，燃烧的油品大量外溢，以致从罐内猛烈喷出，形成巨大的火球，高达数十米，火球顺风向喷射距离可达百米以上。燃烧的油罐一旦发生沸溢或喷溅，容易直接延烧邻近油罐，扩大灾情，造成损失，如图 2-16 所示。

但是，并不是所有油品都会发生沸溢、喷溅，只有下列三个条件同时存在时才会发生：

（1）油品具有热波的性质，且热波界面向下推移速度大于油品燃烧直线速度。石油及其产品是多种碳氢化合物的混合物。在油品燃烧时，首先是处于液层表面的沸点较低、密度较小的轻馏组分被烧掉，而高沸点、高密度的重馏组分则逐步下沉，并把热量带到下

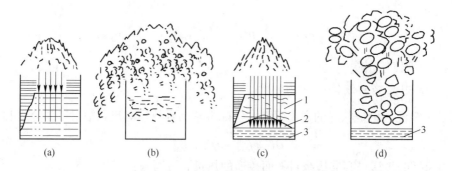

图2-16   油罐沸溢及喷溅火灾示意图
1—高温层；2—水蒸气；3—水垫

面，从而使油品逐层地往深部加热，这种现象称为热波，热油与冷油分界面称为热波面。热波现象的实质是一种液相中的对流加热。

通常仅在具有宽沸点范围的重质油品如原油、重油中才会存在明显的热波，且热波面推移速度大于燃烧的直线速度。而轻质油品如汽油、煤油等，由于它的沸点范围较窄，各组分间的密度相差不大，热波现象不明显，热波面推移速度接近于零，如表2-4所示。

表2-4   几种油品的热波传播速度和燃烧直线速度

油品名称	热传播速度/cm·h^{-1}	燃烧直线速度/cm·h^{-1}
软质原油 含水0.3%以下	38 ~ 90	10 ~ 46
轻质原油 含水0.3%以上	43 ~ 127	10 ~ 46
重质原油 含水0.3%以上	50 ~ 75	7.5 ~ 13
重油 含水0.3%以上	30 ~ 127	7.5 ~ 13
煤油	0	12.5 ~ 20
汽油	0	15 ~ 20

（2）油品具有足够的黏度。这样的油品容易在水蒸气泡周围形成油品薄膜，形成"油包水"。

（3）油中含水。油品中的水可以是悬浮水滴，浮化水或在油层下面形成水垫。

归结起来，含水的重质油品易发生沸溢或喷溅。当这些油品燃烧时，由于辐射热和热波的作用，热量逐层向下传播，当热波面与油中悬浮水滴达到水垫层时，水被加热汽化，体积急剧膨胀（体积膨胀1700倍），产生很大的压力，使油面溢出，甚至喷出。

2.5.4   固体燃烧

2.5.4.1   固体燃烧的主要特点

在火灾燃烧中遇到的可燃固体种类繁多，除了工程燃烧中常见的煤外，还包括多种其他物质，如建筑材料和构件、工业原材料与产品、室内生活与办公用品等，它们大多是由人工聚合物或木材制造的。

A 固体燃烧的基本过程

大部分可燃固体的燃烧都可分为预热、干燥、挥发分的析出与燃烧、固相燃烧等阶段，现结合图 2-17 所示的固体颗粒分析这一历程。在一定的外部热量作用下，颗粒在常温下所含的水分逐渐析出；当温度达到几百摄氏度时，便开始发生热分解，生成可燃挥发分和固定碳；若挥发分达到自燃点或受到点火源的作用，即可发生明火燃烧。而稳定明火的建立，又可向固体的燃烧面反馈热量，从而又加强了其热分解过程，于是即使撤掉点火源，燃烧仍能持续进行。当固体本身的温度达到较高值后，固定碳也开始发生燃烧。一般当固定碳开始正常燃烧后，挥发分的燃烧便基本结束。挥发分和焦炭的燃烧在时间上有些交叉，或者说在一段不长的时间内，它们是并行进行的。不过为了分析的方便，一般认为这两个阶段是前后连续的。

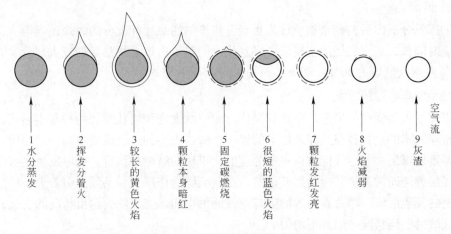

图 2-17 可燃固体颗粒燃烧历程

1 水分蒸发　2 挥发分着火　3 较长的黄色火焰　4 颗粒本身暗红　5 固定碳燃烧　6 很短的蓝色火焰　7 颗粒发红发亮　8 火焰减弱　9 灰渣　空气流

随着可燃物的不同，上述各个阶段所占的时间存在较大的差别。例如木材热解生成的挥发分多，固定碳较少，挥发分燃烧占的时间比例相对较大；而煤中的挥发分相对少得多，通常在煤的燃烧过程中，从开始干燥到大部分挥发分烧完所需的时间约占煤的总燃烧时间的十分之一，其余为固定碳的燃烧时间。这些基本组成的不同，使得木材的燃烧时间要比煤短得多。还有一些固体材料的质地致密，不容易吸附水分，例如一些人工合成的橡胶、塑料，其干燥阶段的时间很短。

B 固体燃烧的形式

由于可燃固体的特殊状态，可以实现多方位的燃烧，就是说固体的燃烧表面可以是竖直的，例如树木、可燃墙壁、悬挂的帘布等；也可以是水平朝向的，例如桌子、床铺、台架的上表面；甚至可以是水平朝下的，如平放木板和塑料板下表面。这是可燃固体与可燃液体燃烧的主要区别之一。

这种状况导致可燃固体可以形成空间燃烧。当将多种固体构件或部件按一定方式搭建起来，而构件之间又存在许多缝隙时，则一旦一个构件着火，就会很快引燃其他构件，从而出现强度很大的燃烧。不少建筑物内就存在这种情况，例如许多房间内都有大量的橱柜、窗帘、衣架、货架等，讨论这类燃烧时应当重视不同可燃构件之间的相互影响。

也有一些可燃固体受热后，先熔化为液体，再由液体蒸发生成蒸气，然后以可燃气体的形式发生燃烧。有些热塑料燃烧熔化为液体后，能够不断向外流动，使其燃烧表面不断变化。熔化的塑料温度相当高，如果滴落到其他可燃物上往往会将其点燃，这时固体燃烧表面的形式将更为复杂。

2.5.4.2　煤的燃烧

A　煤的主要物理化学性质

煤是工程燃烧中使用的最主要的燃料，在火灾爆炸防控中一般不将煤作为研究重点。但也有一些特殊问题需要引起重视，例如煤堆的自燃、煤粉的爆炸等。

在点火源的作用下，煤首先将黏附在其表面和缝隙中的水分逐渐蒸发出来，接着有机质开始热分解，析出挥发分，并出现气相火焰。在受热后的不太长的时间内，便可析出总挥发分的80%~90%。

煤的挥发分析出后的剩余物质称为焦炭。焦炭的燃烧比挥发分的燃烧困难得多，但所占的燃烧时间长，是煤燃烧的主要阶段，且放出的热量占煤总发热量的较大部分，如无烟煤为90%左右，烟煤为60%~80%，而褐煤为45%~55%。

B　煤的基本燃烧方式

根据煤投入燃烧前的形态，可将其燃烧分成块状燃烧和粉状燃烧两种基本形式。

通常煤块指的是直径在几厘米以上的煤。将适当大小的煤块堆放在某个空间内，便形成某种厚度的煤层。若空气能够以一定的速度从煤块的缝隙中流过，就可发生足够强烈的燃烧。煤层燃烧通常是从某个局部开始的。在点火源的作用下，某处先引着火，然后再扩展到煤层的其他区域。随着新加入的煤与空气的供应和燃烧产物的输出状况的变化，煤层内不同区域的燃烧状况一般并不均匀。

在工程燃烧中，为了实现煤的充分燃烧，并有利于热量的利用，需要设计专门的燃烧炉膛，并配备特殊的加煤、送风和除渣机构。煤的灾害性燃烧主要是煤堆自燃，在这种情况下，没有特定的炉膛，燃烧在通常的环境条件下进行，其附近可能会有多种可燃物，因而容易造成重大破坏。

若将煤破碎成几百微米到毫米量级的细粉，它们就能够悬浮在空气中，并随空气在燃烧空间内运动。由于煤粉的表面积大大增加，且与空气混合良好，因而煤粉的燃烧强度比煤块燃烧大得多。

在工程燃烧中，为了得到细微的煤颗粒，需要使用磨粉机等设备进行煤粉制备，并设计专用的煤粉与空气混合系统，将气、粉混合物送入煤粉炉中燃烧。煤粉也可伴随一些其他工艺过程生成，例如在采煤、运煤过程。一旦在该过程的某个区域形成了煤粉与空气的混合物，混合物遇到合适的火源便可发生煤尘爆炸。

C　煤的自燃

煤在长期堆积状况下容易发生自燃，基本原因是煤堆内部的温度逐渐升高；造成煤堆的温度升高主要有以下几种因素：

（1）煤本身的自燃性。一般来说，煤的炭化程度越低，挥发分越高，自燃性就越强。煤自燃性强弱的顺序为：褐煤＞烟煤＞泥炭＞无烟煤。各种煤的自燃危险温度和自燃点见表2-5。

表 2-5　各种煤的自燃点和自燃危险温度

名　称	含量/%			自燃点/℃	自燃危险温度/℃
	挥发物	不饱和化合物	硫化物		
褐煤	41~60	20~25	8~10	250~450	60~65
烟煤	12~44	5~15	0.5~6.3	400~500	65
泥炭	—	50	—	205~230	70~80
无烟煤	3.5	—	—	500 以上	—

（2）黄铁矿的氧化作用。黄铁矿（FeS_2）是煤中的一种常见杂质，它可在水分和空气的作用下发生如下氧化反应，并放出热量：

$$FeS_2 + O_2 = FeS + SO_2 \qquad \Delta H^{\ominus} = -222 kJ/mol$$

$$2FeS_2 + 7O_2 + 2H_2O = 2FeSO_4 + 2H_2SO_4 \qquad \Delta H^{\ominus} = -2525 kJ/mol \qquad (2-55)$$

在后一个反应中生成的 $FeSO_4$ 可引起体积膨胀，从而使煤块破碎，增大煤的表面积，而这又可加快煤的吸附作用和氧化反应速率。

（3）煤的脆性。当煤的变质程度相同时，脆性越大的煤越易破碎，因而也越易自燃。

（4）煤的吸附作用。煤是由碳、氢、氧、氮和硫等元素的有机聚合物组成的。空气中的氧气容易被煤表面的碳、氢原子吸附，发生氧化反应，同时放出热量。若氧化反应的时间较长，煤堆内的热量便可积累下来，从而煤的温度升高。

（5）部分煤中含有一些有机质，它们有利于微生物的繁殖，而这些微生物的活动能够产生热量。

（6）若煤堆过大，堆放时间过久，且通风不好，则会造成热量散发不出去。直到使煤堆温度升高到自燃点。

防止煤堆自燃的基本方法是改善煤堆的散热条件。通常当发现煤堆内的温度超过 60℃ 时，就应当采取相应的散热措施，例如倒堆，将其移走，并尽快用掉。

2.5.4.3　高分子聚合物的燃烧

高分子聚合物简称高聚物，可分为塑料、橡胶和合成纤维三大类，它们大多数为可燃或易燃品。

A　高聚物的燃烧过程

高聚物的燃烧大体包括受热熔融、热分解、着火和稳定燃烧等步骤。

多数高聚物的力学性能很强，绝缘性、耐腐蚀性等也很好，但耐热性较差，温度不太高即发生软化，乃至熔融，变成黏稠的胶状物。

随着温度继续升高，高聚物的大分子键将发生断裂，分解成相对分子质量较小的物质。塑料与合成纤维的热分解温度一般为 200~400℃，合成橡胶的热分解温度为400~800℃。

当高聚物热分解放出的可燃气体浓度达到着火下限时，与空气混合后即可发生燃烧。即使没有明火，只要达到足够高的温度，高聚物也会发生自燃。

B 高聚物的燃烧特点

（1）发热量高。由于大多数高聚物的组成较单纯，杂质含量较低，其热值比木材、煤的都大，因而燃烧时发出的热量较高。

（2）燃烧速度快。一般地，热值高、比热容小、导热系数大的高聚物的燃烧速度较快，反之则较慢。

（3）火焰温度高。高聚物燃烧时的放热速率高，故火焰温度也高。多数高聚物的火焰温度可达 1500℃ 以上。

（4）发烟量大。所有高聚物在热分解过程中均可析出多种碳氢化合物，它们在高温中能够聚合生成芳香族或多环高分子化合物，进而缩聚而生成微小的炭粒，这样就形成了大量浓烟。

（5）燃烧产物的毒性大。高聚物燃烧时，除了生成二氧化碳、一氧化碳和水之外，还可生成氧化氮、氯化氢、氟化氢、氰化氢、二氧化硫和光气（$COCl_2$）等一系列有害气体。一般来说，其生成量比天然木材燃烧时要多得多。这些有毒有害组分会对人的生命安全构成极大的威胁。

C 影响高聚物燃烧速率的因素

影响其燃烧速率的因素也可根据下式确定，即：

$$\dot{m}'' = (\dot{Q}_F'' + \dot{Q}_E'' - \dot{Q}_L'')/L_v \tag{2-56}$$

不过，该式中的 L_v 应理解为固体的分解热。固体的分解热 L_v 一般要比液体的蒸发潜热高得多。例如，固体聚苯乙烯的 L_v 为 1.76kJ/g，而液体苯乙烯单体的 L_v 仅为 0.64kJ/g。应当指出，此式只适于描述高聚物的前期有焰燃烧阶段。

高聚物燃烧时，其表面温度一般都在 350℃ 以上，因而由表面辐射出去的热损失也较大。研究表明，某些高聚物（例如聚碳酸酯、异氰酸酯泡沫）燃烧时，其 $\dot{Q}_F''$ 比 $\dot{Q}_L''$ 小，就是说，除非提供一定的附加热通量，否则这种材料的燃烧不能自我维持。

此外，还有不少固体受热后会结焦，例如聚苯乙烯、某些热加工树脂等。就是说随着燃烧的进行，在燃烧表面上将形成一层焦壳。这层焦壳可以阻挡热量向材料内部传输，使材料的内部不受外表面的影响。在这种情况下，固体的燃烧特性要相应发生一定的变化。

高聚物的热释放速率可用下式求出：

$$\dot{Q}_c = X\dot{m}''\Delta H A_F \tag{2-57}$$

式中 A_F——可燃物表面积；

ΔH——材料的燃烧热；

X——燃烧效率因子，其变化范围一般为 0.4 ~ 0.7。

若把进入可燃物表面的纯热通量写为 $\dot{Q}_{net}$，则上式可改写为：

$$\dot{Q} = X \frac{\dot{Q}_{net}}{L_v} \Delta H A_F \tag{2-58}$$

由此可见，高聚物燃烧时的热释放速率强烈依赖于 $\Delta H/L_v$，通常称其为材料的燃烧特性比（combustibility ratio）。根据该值的大小可对高聚物材料的燃烧性能作出比较。表 2-6 列出了若干高聚物材料的燃烧特性比。

表 2-6 若干高聚物的燃烧特性比

可 燃 物	$\Delta H/L_v$	可 燃 物	$\Delta H/L_v$
硬质聚氨酯泡沫塑料（43）	5.14	软质聚氨酯泡沫塑料（21）	13.34
聚氧化甲烯（粒状）	6.37	环氧乙烷/纤维增强/玻璃纤维	13.38
硬质聚氨酯泡沫塑料（37）	6.54	聚甲基丙烯酸甲酯（粒状）	15.46
软质聚氨酯泡沫塑料	6.63	软质聚氨酯泡沫塑料（25）	20.03
聚氯乙烯（粒状）	6.66	硬质聚苯乙烯泡沫塑料（47）	20.51
含氯48%的聚氯乙烯（粒状）	6.72	聚丙烯（粒状）	21.37
硬质聚氨酯泡沫塑料（29）	8.37	聚苯乙烯（粒状）	23.04
软质聚氨酯泡沫塑料（27）	12.26	硬质聚乙烯泡沫塑料（4）	27.23
尼龙（粒状）	13.10	硬质聚苯乙烯泡沫塑料（53）	30.02

2.5.4.4 可燃固体的阴燃

A 阴燃的特点

阴燃是某些固体可燃物发生的一种没有气相火焰的燃烧现象。有些物质长期堆积后，在内部的某个局部可首先发生自燃，进而燃烧区便会以阴燃方式传播，如纸张、锯末、柴草、棉花及其他纤维织物等；有些物质也可在明火或热源的作用下发生阴燃，例如香烟、蚊香等。一般质地松软、杂质少、透气性好的材料容易发生阴燃。阴燃的传播速度较慢，温度较低，不容易发现，但通常会出现烟气析出和温度升高的迹象。

可燃物受热分解后能产生刚性结构的多孔炭是固体物质发生阴燃的内部条件。如果燃烧产物为流动的焦油状，就不能发生阴燃；提供强度适当的热源是发生阴燃的重要外部条件。只有这样才能使材料达到发生阴燃的温度；阴燃区周围的氧气浓度对阴燃的蔓延也具有重要影响。氧气浓度增大，有助于阴燃的蔓延。在一定条件下阴燃可以转换成明火，固体可燃物的种类、状态、尺寸和环境条件对阴燃向明火转变有显著影响。例如，供热强度过小则材料无法发生燃烧反应；而供热强度过大，则可能发生有焰燃烧。

又如氧气浓度增大到一定值时，也可促使发生有焰燃烧。若空气的流动方向与燃烧产物流动方向相同，则有助于提高燃烧反应速率，并对阴燃向有焰燃烧转变有利，由阴燃转变为明火的氧气浓度可低一些。

材料的某个部分的阴燃反应结束后，往往要形成一种松散的灰层，它可以阻止氧气进入反应区。如果灰分层脱落，将有利于氧气进入反应区，从而有利于阴燃向明火燃烧转变。

B 阴燃的传播过程

现结合图 2-18 所示的圆纤维棒阴燃讨论阴燃的传播过程。可以看出，燃烧部分可分为三个明显的区域：前部为热解区域（区域 1），在此区中温度上升很陡，有可见烟气析出来；中部为燃烧区域（区域 2），在这里不再析出可见烟气，温度达到最大值，并开始发光；后部为残炭区域（区域 3），此区不再发光，形成疏松的多孔灰层，温度开始慢慢下降。

区域 2 是材料发生较强的氧化反应的区域。当纤维物质在静止空气中阴燃时，此区的

温度一般为 $600 \sim 750℃$。热量从区域 2 传入未燃区域，使区域 1 的温度升高，引起材料的热解，导致热解产物的析出。对于大多数有机可燃物，只有温度高于 $250 \sim 300℃$ 才能完成这种热解。

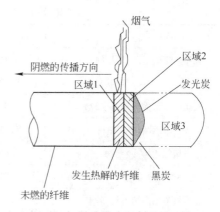

图 2-18　纤维棒阴燃的传播过程

若热解产物能够迅速离开区域 1，就不能被充分氧化，它们可形成结构很复杂的络合物，包括高沸点的液体和焦油，其性质与有焰燃烧中产生的烟气大不相同。但是这些产物都是可燃的。

如果未受加热影响的材料有产生凝聚而离开燃烧区（即区域 2）的趋势，则会显著减少向未燃区的传热。若这种热损失足够大，阴燃将不可能传播。

C　阴燃传播的简化模型

这里使用"着火起始面"概念简要分析阴燃的传播。根据正常燃烧区向未燃区部的传热机制，阴燃的传播速度可写为：

$$V = \frac{q''}{\rho \Delta h} \tag{2-59}$$

式中　V——阴燃的传播速度；

　　　q''——通过"着火起始面"的净热通量；

　　　ρ——可燃物的密度；

　　　Δh——单位质量可燃物从环境温度升到着火温度时的热焓变化。

假设可燃物的着火温度与区域 2 的最大温度 T_{max} 相差不大，则：

$$\Delta h = c(T_{max} - T_0) \tag{2-60}$$

式中　c——可燃物的比热容；

　　　T_0——环境温度。

假设从区域 2 向区域 1 的传热方式是导热，并达到准稳态，则：

$$\dot{q}'' = \frac{\kappa(T_{max} - T_0)}{x} \tag{2-61}$$

式中　κ——可燃物的导热系数，$W/(m \cdot ℃)$；

　　　x——热量传播的距离。

于是：

$$V \approx \frac{\kappa(T_{max} - T_0)}{x} \frac{1}{\rho c(T_{max} - T_0)}$$

$$V \approx \frac{\kappa}{\rho c} \frac{1}{x} = \frac{\alpha}{x} \tag{2-62}$$

式中　α——可燃物的热扩散率。

试验发现，x 的数量级为 $0.01m$。以纤维板为例，$\alpha \approx 10^{-7} m^2/s$，计算阴燃传播速度的量级是 $10^{-2} mm/s$，这与试验结果基本一致。

2.6 燃烧参数计算

2.6.1 燃烧所需空气量计算

众所周知，空气中含有近21%（体积分数）的氧气，一般可燃物在其中遇点火源就能燃烧。空气量或者氧气量不足时，可燃物就不能燃烧或者正在进行的燃烧将会逐渐熄灭。空气需要量作为燃烧反应的基本参数，表示一定量可燃物燃烧所需要的空气质量或者体积，其计算是在可燃物完全燃烧的条件下进行的。

2.6.1.1 理论空气量

理论空气量是指单位量的燃料完全燃烧所需要的最少的空气量，通常也称为理论空气需要量（常用 L_0 表示）。此时，燃料中的可燃物与空气中的氧完全反应，得到完全的氧化产物。

A 固体和液体可燃物的理论空气需要量

一般情况下，对于固体和液体可燃物，习惯上用质量分数表示其组成，其成分为：

$$w(C) + w(H) + w(O) + w(N) + w(S) + w(A) + w(H_2O) = 100\%$$

式中，$w(C)$、$w(H)$、$w(O)$、$w(N)$、$w(S)$、$w(A)$、$w(H_2O)$ 分别为可燃物中碳、氢、氧、氮、硫、灰分和水分的质量分数，其中，碳、氢和硫是可燃成分；氮、灰分和水分是不可燃成分；氧是助燃成分。

计算理论空气量，应该首先计算燃料中可燃元素（碳、氢、硫等）完全燃烧所需要的氧气量。因此，要依据这些元素完全燃烧的计量方程式计算。

按照完全燃烧的化学反应式，碳燃烧时的数量关系为：

$$C + O_2 =\!=\!= CO_2$$

即 1kg C 完全燃烧时需要的 O_2 量为 8/3kg。同理，1kg H_2 完全燃烧时需要的 O_2 量为 8kg，1kg S 完全燃烧时需要的 O_2 量为 1kg。

单位质量的可燃物完全燃烧时需要的氧气量为：

$$G_{0,O_2} = \frac{8}{3}w(C) + 8w(H) + w(S) - w(O) \tag{2-63}$$

假定计算中涉及的气体是理想气体，即 1kmol 气体在标准状态（273K，101.325kPa）下的体积为 22.4m³。那么，单位质量的燃料完全燃烧所需氧气的体积（m³/kg）为：

$$V_{0,O_2} = \frac{G_{0,O_2}}{32} \times 22.4 = 0.7 \times \left[\frac{8}{3}w(C) + 8w(H) + w(S) - w(O)\right] \tag{2-64}$$

因此，单位质量可燃物完全燃烧时所需空气量的体积（m³/kg）为：

$$V_{0,air} = \frac{V_{0,O_2}}{0.21} = \frac{0.7}{0.21} \times \left[\frac{8}{3}w(C) + 8w(H) + w(S) - w(O)\right] \tag{2-65}$$

【例2-1】 求5kg木材完全燃烧所需要的理论空气量。已知木材组分的质量分数为：$w(C) = 43\%$，$w(H) = 7\%$，$w(N) = 41\%$，$w(S) = 2\%$，$w(A) = 6\%$，$w(H_2O) = 1\%$。

【解】 依据式(2-64)，燃烧1kg此木材所需理论氧气体积为：

$$V_{0, O_2} = 0.7 \times \left(\frac{8}{3} \times 43\% + 8 \times 7\% - 41\% \right) = 0.91$$

因此，燃烧 5kg 此木材所需理论空气体积为：

$$V_{0, air} = \frac{V_{0, O_2}}{0.21} = \frac{0.91}{0.21} \times 5 = 21.67$$

即 5kg 木材完全燃烧所需要的理论空气量为 21.67m³。

B　气体可燃物的理论空气量

对于气体可燃物，习惯上用体积分数表示其组成，其成分为：

$$\varphi(CO) + \varphi(H_2) + \sum \varphi(C_n H_m) + \varphi(H_2 S) + \varphi(CO_2) + \varphi(O_2) + \varphi(N_2) + \varphi(H_2 O) = 100\% \quad (2-66)$$

式中，$\varphi(CO)$、$\varphi(H_2)$、$\varphi(C_n H_m)$、$\varphi(H_2 S)$、$\varphi(CO_2)$、$\varphi(O_2)$、$\varphi(N_2)$、$\varphi(H_2 O)$ 分别为气态可燃物中各相应成分的体积分数，其中 $C_n H_m$ 表示碳氢化合物通式。

$$CO + \frac{1}{2} O_2 \Longrightarrow CO_2$$

$$H_2 + \frac{1}{2} O_2 \Longrightarrow H_2 O$$

$$H_2 S + \frac{3}{2} O_2 \Longrightarrow H_2 O + SO_2$$

$$C_n H_m + \left(n + \frac{m}{4} \right) O_2 \Longrightarrow n CO_2 + \frac{m}{2} H_2 O$$

$$(2-67)$$

从式 (2-67) 可以得出：完全燃烧 1mol 的 CO 需要 1/2 mol 的 O_2，根据理想气体状态方程，燃烧 1m³ 的 CO 需要 1/2m³ 的 O_2。同理，完全燃烧 1m³ H_2、$H_2 S$ 和 $C_n H_m$ 分别需要 1/2m³、3/2m³ 和 $(n+m/4)$m³ 的 O_2，因此，1m³ 可燃物完全燃烧时需要的氧气体积为：

$$V_{0, O_2} = \frac{1}{2} \varphi(CO) + \frac{1}{2} \varphi(H_2) + \frac{3}{2} \varphi(H_2 S) + \sum \left(n + \frac{m}{4} \right) \varphi(C_n H_m) - \varphi(O_2) \quad (2-68)$$

1m³ 可燃物完全燃烧的理论空气体积需要量为：

$$V_{0, air} = \frac{V_{0, O_2}}{0.21} = 4.76 \times \left[\frac{1}{2} \varphi(CO) + \frac{1}{2} \varphi(H_2) + \frac{3}{2} \varphi(H_2 S) + \sum \left(n + \frac{m}{4} \right) \varphi(C_n H_m) - \varphi(O_2) \right]$$

$$(2-69)$$

【例 2-2】　求 1m³ 焦炉煤气燃烧所需要的理论空气量。已知焦炉煤气体积分数组成为：$\varphi(CO) = 6.8\%$，$\varphi(H_2) = 57\%$，$\varphi(CH_4) = 22.5\%$，$\varphi(C_2 H_4) = 3.7\%$，$\varphi(CO_2) = 2.3\%$，$\varphi(N_2) = 4.7\%$，$\varphi(H_2 O) = 3\%$。

【解】　由碳氢化合物通式得：

$$\sum \left(n + \frac{m}{4} \right) \varphi(C_n H_m) = \left(1 + \frac{4}{4} \right) \times 22.5 + \left(2 + \frac{4}{4} \right) \times 3.7 = 56.1$$

完全燃烧 1m³ 这种煤气所需理论空气体积为：

$$V_{0, air} = 4.76 \times \left(\frac{1}{2} \times 6.8 + \frac{1}{2} \times 57 + 56.1 \right) \times 10^{-2} = 4.19$$

即 1m³ 焦炉煤气燃烧所需要的理论空气量为 4.19m³。

2.6.1.2　实际空气量和过量空气系数

在实际燃烧过程中，供应的空气量（$V_{\alpha, air}$）往往不等于燃烧所需要的理论空气量（$V_{0,\text{air}}$）。实际供给的空气量与燃烧所需要的理论空气量的比值称为过量空气系数 α，即：

$$V_{\alpha,\text{air}} = \alpha V_{0,\text{air}} \tag{2-70}$$

对于燃烧 1kg 的燃料，过量空气系数通常表示为：

$$\alpha = \frac{L}{L_0} \tag{2-71}$$

式中，L_0、L 分别为燃烧 1kg 燃料所需要的理论空气量和 1kg 燃料燃烧实际供给的空气量。

α 值一般为 $1 \sim 2$，各态物质完全燃烧时的经验值为：气态可燃物 α 为 $1.02 \sim 1.2$；液态可燃物 α 为 $1.1 \sim 1.3$；固态可燃物 α 为 $1.3 \sim 1.7$。常见可燃物燃烧所需空气量见表 2-7。

表 2-7　常见可燃物燃烧所需空气量

物质名称	$1m^3$ 可燃物燃烧所需空气量		物质名称	$1m^3$ 可燃物燃烧所需空气量	
	体积/m^3	质量/kg		体积/m^3	质量/kg
乙炔	11.90	15.40	丙酮	7.53	9.45
氢	2.38	3.00	苯	10.25	13.20
一氧化碳	2.38	3.00	甲苯	10.30	13.30
甲烷	9.52	21.30	石油	10.80	14.00
丙烷	23.80	30.60	汽油	11.10	14.35
丁烷	30.94	40.00	煤油	11.50	14.87
水煤气	2.20	2.84	木材	4.60	5.84
焦炉气	3.68	4.76	干泥煤	5.80	7.50
乙烯	14.28	18.46	硫	3.33	4.30
丙烯	21.42	27.70	磷	4.30	5.56
丁烯	28.56	36.93	钾	0.70	0.90
硫化氢	7.14	9.23	萘	10.00	12.93

当 $\alpha = 1$ 时，表示实际供给的空气量等于理论空气量。从理论上讲，此时燃料中的可燃物质可以全部氧化，燃料与氧化剂的配比符合化学反应方程式的当量关系。此时的燃料与空气量之比称为化学当量比。

当 $\alpha > 1$ 时，表示实际供给的空气量多于理论空气量。在实际的燃烧装置中，绝大多数情况下均采用这种供气方式，因为这样既可以节省燃料，也具有其他的有益作用。

无论 $\alpha = 1$ 还是 $\alpha > 1$，燃料的燃烧都是完全的，其主要区别在于燃烧以后所形成的产物成分比例不同。当 $\alpha > 1$ 时，燃料与氧化剂反应完成以后，产物中还残留有部分未参加反应的氧化剂，这在分析燃烧产物时应该注意。

当 $\alpha < 1$ 时，表示实际供给的空气量少于理论空气量。这种燃烧过程不可能是完全的，燃烧产物中尚剩余可燃物质，而氧气却消耗完毕，这样势必造成燃料浪费。但是，在某些

情况下，如点火时，为使点燃成功，往往多供应燃料。一般情况下，应当避免 $\alpha<1$ 的情况。

综上所述，过量空气系数 α 是表明在由液体或者气体燃料与空气组成的可燃混合气中燃料和空气比的参数，其数值对于燃烧过程有很大影响，α 过大或者过小都不利于燃烧的进行。

2.6.1.3 燃料空气比与过量燃料系数

在实际燃烧过程中，表示燃料与空气在可燃混合气中组成比例的参数，除了过量空气系数 α 外，还有燃料空气比 f 和过量燃料系数 β。

A 燃料空气比

燃料空气比 f 是在燃烧过程中实际供给的燃料量与空气量之比，即：

$$f = \frac{燃料量}{空气量} \tag{2-72}$$

它表明 1kg 空气中实际含有的燃料的质量（kg）。这一参数常用于由液体燃料形成的可燃混合气，习惯称为"油气比"。根据燃料空气比的定义，可得到它与过量空气系数 α 的关系为：

$$f = \frac{1}{\alpha L_0} \tag{2-73}$$

对于一定燃料来说，L_0 是确定的值，因而 f 和 α 成反比。当 $\alpha=1$ 时，油气比 $f=1/L_0$。一般烃类液体燃料，如汽油、柴油、重油和煤油等的理论空气量 L_0 约为 $13\sim14$kg，所以，当 $\alpha=1$ 时，其相应的油气比为 $1/14\sim1/13$。

B 过量燃料系数

过量燃料系数 β 是指实际燃料供给量与理论燃料供给量之比。而理论燃料量指为使 1kg 空气能够完全燃烧所消耗的最大燃料量，它是理论空气量的倒数，即：

$$理论燃料量 = \frac{1}{L_0} \tag{2-74}$$

可以看出，实际空气量的倒数 $1/(\alpha L_0)$ 就是实际燃料量，即燃烧消耗 1kg 空气时实际供给的燃料量。因此，过量燃料系数 β 为：

$$\beta = \frac{1/(\alpha L_0)}{1/L_0} = \frac{1}{\alpha} \tag{2-75}$$

显然，过量燃料系数 β 与过量空气系数 α 互成倒数。某些燃气热力性质数据是以过量燃料系数 β 作变量列出的。

2.6.2 火灾燃烧产物及其计算

生成新物质是火灾燃烧反应的基本特征之一。燃烧产物是燃烧反应的新生成物质，它的危害作用很大。关于燃烧产物的计算，主要包括产物量计算、产物组成计算及产物密度计算等。而燃烧产物的组成和生成量不仅与燃烧的完全程度有关，而且与过量空气系数 α 有关，因此，应该根据具体情况分为完全燃烧和不完全燃烧两种情况分别进行讨论。

2.6.2.1 火灾燃烧产物的组成及其毒害作用

A 燃烧产物的组成

由燃烧而生成的气体、液体和固体物质，称为燃烧产物，它有完全燃烧产物和不完全燃烧产物之分。可燃物中 C 变成 CO_2（气）、H 变成 H_2O（液）、S 变成 SO_2（气）、N 变成 N_2（气），燃烧产物 CO_2、H_2O、SO_2、N_2 是完全燃烧产物；而 CO、NH_3、醇类、酮类、醛类、醚类等是不完全燃烧产物。

燃烧产物主要以气态形式存在，其成分主要取决于可燃物的组成和燃烧条件。大部分可燃物属于有机化合物，它们主要由碳、氢、氧、氮、硫、磷等元素组成。在空气充足的条件下，燃烧产物主要是完全燃烧产物，不完全燃烧产物量很少；如果空气不足或温度较低，不完全燃烧产物量相对增多。

氮在一般条件下不参加燃烧反应，而是呈游离状态（N_2）析出，但在特定条件下，氮也能被氧化生成 NO 或与一些中间产物结合生成 CN 和 HCN 等。

建筑火灾中常见的可燃物及其燃烧产物见表2-8。

表2-8 建筑火灾中常见的可燃物及其燃烧产物

可 燃 物	燃 烧 产 物
所有含碳类可燃物	CO_2、CO
聚酯胺、硝化纤维等	NO、NO_2
硫及含硫类（橡胶）可燃物	SO_2、S_2O_3
人造丝、橡胶、二硫化碳等	H_2S
磷类物质	P_2O_5、PH_3
聚氯乙烯、氟塑料等	HF、HCl、Cl_2
尼龙、三聚氰、氨塑料等	NH_3、HCN
聚苯乙烯	苯
羊毛、人造丝等	羧酸类（甲酸、乙酸、己酸）
木材、酚醛树脂、聚酯	醛类、酮类
高分子材料热分解	烃类（CH_4、C_2H_2、C_2H_4 等）

在燃烧产物中，有一类特殊的物质，这就是烟气。它是由燃烧或热解作用产生的，它悬浮于大气中，能被人们看到。烟的主要成分是一些极小的炭黑粒子，其直径一般为 $10^{-7} \sim 10^{-5}\,\mathrm{m}$，大直径的粒子容易从烟中落下来成为烟尘或炭黑。

炭粒子的形成过程十分复杂。例如碳氢可燃物在燃烧过程中，会因受热裂解产生一系列中间产物，中间产物还会进一步裂解成更小的"碎片"，这些小"碎片"会发生脱氢、聚合、环化等反应，最后形成石墨化炭粒子，构成了烟。

炭粒子的形成受氧气供给情况、可燃物分子结构及其分子中碳氢比值等因素的影响。氧气供给充分，可燃物中的碳主要与氧反应生成 CO_2 或 CO，炭粒子生成少，甚至不生成炭粒子；芳香族有机物属于环状结构，它们的生炭能力比直链的脂肪族有机物要高；可燃物分子中碳氢比值大的生炭能力强。

B 燃烧产物的毒害作用

在火场上，燃烧产物的存在具有极大的毒害作用，主要体现在如下几个方面。

a　缺氧、窒息作用

在火灾现场，由于可燃物燃烧消耗空气中的氧气，使空气中氧含量大大低于人们生理正常所需要的数值，从而给人体造成危害。氧含量下降对人体的危害见表2-9。

表 2-9　氧含量下降对人体的危害

$\varphi(O_2)/\%$	对人体的危害情况
12 ~ 16	呼吸和脉搏加快，引起头疼
9 ~ 14	判断力下降，全身虚脱，发绀
6 ~ 10	意识不清，引起痉挛，6 ~ 8min 死亡
6	为 5min 致死含量

CO_2 是许多可燃物燃烧的主要产物。在空气中，CO_2 含量过高会刺激呼吸系统，引起呼吸加快，从而产生窒息作用。CO_2 对人体的影响见表2-10。

表 2-10　CO_2 对人体的影响

$\varphi(CO_2)/\%$	对人体的影响情况
1 ~ 2	有不适感
3	呼吸中枢受刺激，呼吸加快，脉搏加快，血压上升
4	头疼、晕眩、耳鸣、心悸
5	呼吸困难，30min 产生中毒症状
6	呼吸急促，呈困难状态
7 ~ 10	数分钟意识不清，出现紫斑，死亡

b　毒性、刺激性及腐蚀性作用

燃烧产物中含有多种有毒性和刺激性的气体，在着火的房间等场所，这些气体的含量极易超过人们生理正常所允许的最低含量，从而造成中毒或刺激性危害。另外，有的产物本身或其水溶液具有较强的腐蚀性作用，会造成人体组织坏死或化学灼伤等危害。下面介绍几种典型产物的毒害作用。

（1）一氧化碳（CO）。这是一种毒性很大的气体，火灾中 CO 引起的中毒死亡在各种类型死亡中占很大比例。这是由于它能从血液的氧血红素里取代氧而与血红素结合生成羟基化合物，从而使血液失去输氧功能。CO 对人体的影响见表2-11。

表 2-11　CO 对人体的影响

$\varphi(CO)/\%$	对人体影响情况
0.04	2 ~ 3h 有轻度前头疼
0.08	1 ~ 2h 内前头疼、呕吐，2.5 ~ 3h 内后头疼
0.16	45min 内头疼、眩晕、呕吐、痉挛，2h 失明
0.32	20min 内头疼、眩晕、呕吐、痉挛，10 ~ 15min 致死
0.64	1 ~ 2min 内头疼、眩晕、呕吐、痉挛，10 ~ 15min 致死
1.28	1 ~ 3min 致死

（2）二氧化硫（SO_2）。这是一种含硫可燃物（如橡胶）燃烧时释放出的产物。SO_2有毒，它是大气污染中危害较大的一种气体。它能刺激人的眼睛和呼吸道，引起咳嗽，甚至导致死亡。同时，SO_2极易形成一种酸性的腐蚀性溶液。SO_2对人体的影响见表2-12。

表 2-12 SO_2对人体的影响

$\varphi(SO_2)/\%$	对人体影响情况
0.0005	长时间作用无危险
0.001 ~ 0.002	气管感到刺激，咳嗽
0.005 ~ 0.01	1h 无直接危险
0.05	短时间有生命危险

（3）氯化氢（HCl）。HCl 是一种具有较强毒性和刺激性的气体。它由于能吸收空气中的水分成为酸雾，具有较强的腐蚀性，在含量较高的场合会强烈刺激人的眼睛，引起呼吸道发炎和肺水肿。HCl 对人体的影响见表2-13。

表 2-13   HCl 对人体的影响

$\varphi(HCl)/\%$	对人体影响情况
$0.5\times10^{-4} \sim 1\times10^{-4}$	有轻度刺激性
5×10^{-4}	对鼻腔有刺激，伴有不快感
10×10^{-4}	对鼻腔有强烈刺激，不能忍受 30min 以上
35×10^{-4}	短时间对咽喉有刺激
50×10^{-4}	短时间忍受的临界含量
1000×10^{-4}	有生命危险

（4）氰化氢（HCN）。这是一种剧毒气体，主要是聚丙烯腈、尼龙、丝、毛发等蛋白质物质的燃烧产物。HCN 可以以任何比例与水混合形成剧毒的氢氰酸。HCN 对人体的影响见表2-14。

表 2-14   HCN 对人体的影响

$\varphi(HCN)/\%$	对人体影响情况
0.0018 ~ 0.0036	数小时后出现轻度中毒症状
0.0045 ~ 0.0054	耐受 0.5 ~ 1h 无大伤害
0.0110 ~ 0.0125	0.5 ~ 1.1h 有生命危险或致死
0.135	30min 致死
0.181	10min 致死
0.270	立即死亡

（5）氮的氧化物。氮的氧化物主要有 NO 和 NO_2，是硝化纤维等含氮有机化合物的燃烧产物，硝酸和含硝酸盐类物质的爆炸产物中也含有 NO、NO_2 等。它们都是毒性和刺激性气体，能刺激呼吸系统，引起肺水肿，甚至死亡。氮的氧化物对人体的影响见表 2-15。

表 2-15　氮的氧化物对人体的影响

氮的氧化物含量（体积分数）/%	氮的氧化物的质量浓度/mg·L^{-1}	对人体影响情况
0.004	0.019	长时间作用无明显反应
0.006	0.29	短时间气管感到刺激
0.01	0.48	短时间气管感到刺激、咳嗽， 继续作用对生命有危险
0.025	1.2	短时间可迅速致死

此外，H_2S、P_2O_5、PH_3、Cl_2、HF、NH_3 等气体产物和苯、羟酸、醛类、酮类等液体产物以及烟尘粒子也都有一定的毒性、刺激性和腐蚀性。

c　高温气体的热损伤作用

人们对高温环境的忍耐性是有限的。有关资料表明，在 65℃ 时人可短时忍受；在 120℃ 时人在短时间内将产生不可恢复的损伤；温度进一步提高，损伤时间更短。在着火房间内，高温气体可达数百摄氏度；在地下建筑物中，温度高达 1000℃ 以上。因此，高温气体对于人的热损伤作用是非常严重的。

2.6.2.2　完全燃烧时产物量计算

当燃料完全燃烧时，烟气的组成及体积可由反应方程式并根据燃料的元素组成或者成分组成求得。计算中涉及的产物主要有 CO_2、H_2O、SO_2、N_2 和水蒸气，烟气生成量也是按单位量燃料来计算的。若燃烧不完全，则残存的产物中还有 O_2，则由上列物质组成的烟气体积为：

$$V_q = V_{CO_2} + V_{SO_2} + V_{N_2} + V_{H_2O} + V_{O_2} \tag{2-76}$$

当过量空气系数 $\alpha = 1$ 时，烟气中不再有 O_2 存在，这种烟气量称为理论烟气量，用 $V_{0,q}$ 表示，因此：

$$V_{0,q} = V_{0,CO_2} + V_{0,SO_2} + V_{0,N_2} + V_{0,H_2O} + V_{0,O_2} \tag{2-77}$$

式中，V_{0,N_2}，V_{0,H_2O} 分别为供应理论空气量（干空气）时，在完全燃烧后所得烟气中的理论氮气和理论水蒸气体积。

A　固体和液体燃料的燃烧烟气量的计算

a　二氧化碳和二氧化硫的体积计算

已知可燃物的成分为 $w(C)+w(H)+w(O)+w(N)+w(S)+w(A)+w(H_2O) = 100\%$，按照完全燃烧的化学反应式，碳燃烧时的反应为：

$$C + O_2 \xrightarrow{\quad\quad} CO_2$$

由此可知，1kg 碳完全燃烧时能生成 11/3kg 的 CO_2，标准状态下的体积为 $\frac{11}{3} \times \frac{22.4}{44} = \frac{22.4}{12}$（$m^3$），所以，1kg 可燃物完全燃烧时生成 CO_2 的体积（m^3）为：

$$V_{0,\mathrm{CO_2}} = \frac{22.4}{12} \times w(\mathrm{C})$$

同理，1kg 可燃物完全燃烧时生成 $\mathrm{SO_2}$ 的体积（$\mathrm{m^3}$）为：

$$V_{0,\mathrm{SO_2}} = \frac{22.4}{32} \times w(\mathrm{S})$$

b　理论氮气的体积

理论氮气（$\mathrm{m^3/kg}$）包括燃料含有的氮组分所生成的氮气和助燃空气带入的氮气两部分，即：

$$V_{0,\mathrm{N_2}} = \frac{22.4}{28} \times w(\mathrm{N}) + 0.79 V_{0,\mathrm{air}}$$

式中，0.79 为氮气在干空气中所占的体积分数。

c　理论水蒸气的体积

这一部分由以下两部分组成：

（1）燃料中的氢完全燃烧所产生的水蒸气：

$$V_{0,\mathrm{H_2O}} = \frac{22.4}{2} \times w(\mathrm{H})$$

（2）燃料中含有的水分汽化后所产生的水蒸气：

$$V_{0,\mathrm{H_2O}} = \frac{22.4}{18} \times w(\mathrm{H_2O})$$

将上面两部分相加，得烟气中的理论水蒸气量（$\mathrm{m^3/kg}$）为：

$$V_{0,\mathrm{H_2O}} = \frac{22.4}{2} \times w(\mathrm{H}) + \frac{22.4}{18} \times w(\mathrm{H_2O})$$

因此，得到理论烟气量为：

$$V_{0,\mathrm{q}} = V_{0,\mathrm{CO_2}} + V_{0,\mathrm{SO_2}} + V_{0,\mathrm{H_2O}} + V_{0,\mathrm{N_2}}$$

$$= \left[\frac{w(\mathrm{C})}{12} + \frac{w(\mathrm{S})}{32} + \frac{w(\mathrm{H})}{2} + \frac{w(\mathrm{H_2O})}{18} + \frac{w(\mathrm{N})}{28} \right] \times 22.4 + 0.79 V_{0,\mathrm{air}}$$

一般情况下，燃料燃烧后所生成的烟气包括水蒸气，这种烟气称为"湿烟气"。把水分扣除后的烟气称为"干烟气"。于是，理论干烟气体积 $V_{0,\mathrm{yq}}$ 又可写成：

$$V_{0,\mathrm{yq}} = V_{0,\mathrm{CO_2}} + V_{0,\mathrm{SO_2}} + V_{0,\mathrm{N_2}}$$

当过量空气系数 $\alpha > 1$ 时，燃烧过程中实际供应的空气量多于理论空气量，此时燃料的燃烧是完全的。所产生的烟气量除了理论烟气量之外，还要增加一部分过量的空气量以及随过量空气量带入的水蒸气量。水蒸气量通常按照空气温度下的饱和含湿量 d（单位：$\mathrm{g/kg}$（每 kg 干空气））计算即可。

过量空气量为：

$$\Delta V_{\mathrm{air}} = (\alpha - 1) V_{0,\mathrm{air}} \tag{2-78}$$

带入的水蒸气量（$\mathrm{m^3/kg}$）为：

$$V'_{0,\mathrm{H_2O}} = \frac{\dfrac{d}{1000} \times \dfrac{22.4}{18}}{\dfrac{1}{1.293}} V_{\alpha,\mathrm{air}} = 0.00161 d V_{\alpha,\mathrm{air}} \tag{2-79}$$

式中，1.293 为标准状态下、$T_0 = 273\mathrm{K}$、$p_0 = 101.325\mathrm{kPa}$ 时，组成成分正常的干空气的密

度 ρ_0，取 1.293kg/m^3。

同样，在实际烟气中也可以把水蒸气体积扣除，得到的烟气量称为实际干烟气量，即：

$$V_{\alpha,\text{yq}} = V_{0,\text{yq}} + \Delta V_{\text{air}} = V_{0,\text{CO}_2} + V_{0,\text{SO}_2} + V_{\alpha,\text{N}_2} + \Delta V_{\text{O}_2}$$

$$V_{\alpha,\text{N}_2} = V_{0,\text{N}_2} + \Delta V_{\text{N}_2} = V_{0,\text{N}_2} + 0.79(\alpha - 1)V_{0,\text{air}} \qquad (2\text{-}80)$$

$$\Delta V_{\text{O}_2} = 0.21(\alpha - 1)V_{0,\text{air}}$$

式中　　V_{α,N_2}——烟气中的实际氮气体积；

　　　　ΔV_{O_2}——烟气中的自由氧的体积。

于是，当 $\alpha>1$ 时，实际干烟气量（m^3/kg）为：

$$V_{\alpha,\text{yq}} = V_{0,\text{yq}} + \Delta V_{\text{air}} = \left[\frac{w(\text{C})}{12} + \frac{w(\text{S})}{32} + \frac{w(\text{N})}{28}\right] \times 22.4 + 0.79V_{0,\text{air}} + (\alpha - 1)V_{0,\text{air}}$$

$$(2\text{-}81)$$

这就是说，实际干烟气量等于理论干烟气量与多余空气量之和。

B　气体燃料燃烧烟气量的计算

对于气体可燃物，其成分可表示为：

$$\varphi(\text{CO}) + \varphi(\text{H}_2) + \varphi(\text{C}_n\text{H}_m) + \varphi(\text{H}_2\text{S}) + \varphi(\text{CO}_2) + \varphi(\text{O}_2) + \varphi(\text{N}_2) + \varphi(\text{H}_2\text{O}) = 100\%$$

$$(2\text{-}82)$$

根据完全燃烧的化学反应方程式（2-67），每 1m^3 可燃物燃烧生成的 CO_2、SO_2、H_2O 和 N_2 的体积分别为：

$$V_{0,\text{CO}_2} = \varphi(\text{CO}) + \varphi(\text{CO}_2) + \sum n\varphi(\text{C}_n\text{H}_m)$$

$$V_{0,\text{SO}_2} = \varphi(\text{H}_2\text{S})$$

$$V_{0,\text{H}_2\text{O}} = \varphi(\text{H}_2) + \varphi(\text{H}_2\text{O}) + \varphi(\text{H}_2\text{S}) + \sum \frac{m}{2}\varphi(\text{C}_n\text{H}_m)$$

$$V_{0,\text{N}_2} = \varphi(\text{N}_2) + 0.79V_{0,\text{air}}$$

因此，燃烧产物的总体积为：

$$V_{0,\text{q}} = V_{0,\text{CO}_2} + V_{0,\text{SO}_2} + V_{0,\text{H}_2\text{O}} + V_{0,\text{N}_2} = \varphi(\text{CO}) + \varphi(\text{CO}_2) + \varphi(\text{H}_2) + 2\varphi(\text{H}_2\text{S}) +$$

$$\varphi(\text{H}_2\text{O}) + \varphi(\text{N}_2) + \sum \left(n + \frac{m}{2}\right)\varphi(\text{C}_n\text{H}_m) + 0.79V_{0,\text{air}}$$

当过量空气系数 $\alpha>1$ 时，则与固体和液体燃料的计算一样，除了理论空气量之外，还要加上过量空气量及由这部分空气带入的水蒸气量。

另外，气体燃料燃烧后的理论干烟气量和实际干烟气量的计算方法也与固体和液体燃料的计算方法相同。

2.6.2.3　不完全燃烧时烟气量的计算

燃料的完全燃烧并不是有足够的氧气就足够了，而是以燃料和氧气完全混合为前提的。所以，在任何空气系数下都有可能发生不完全燃烧的情况。

（1）当过量空气系数 $\alpha>1$ 时，也会出现由燃烧设备不完善、燃料与空气混合不好等因素造成的不完全燃烧状态。因此，发生不完全燃烧后，燃烧产物中仍然会有可燃物和一些氧气。

不完全燃烧烟气中的可燃物质主要有 CO、H_2 和 CH_4，1mol 这几种可燃物质在空气中燃烧的反应方程式为：

$$CO + 0.5O_2 + 1.88N_2 === CO_2 + 1.88N_2$$

$$H_2 + 0.5O_2 + 1.88N_2 === H_2O + 1.88N_2$$

$$CH_4 + 2O_2 + 7.52N_2 === CO_2 + 2H_2O + 7.52N_2$$

通过以上反应式可以看出，在 $\alpha > 1$ 时，不完全燃烧烟气量比完全燃烧烟气量的体积增加了 $0.5V_{CO} + 0.5V_{H_2}$，即：

$$V_{\alpha,q}^b = V_{\alpha,q} + (0.5V_{CO} + 0.5V_{H_2}) \tag{2-83}$$

式中　　$V_{\alpha,q}^b$——不完全燃烧烟气量；

　　　　$V_{\alpha,q}$——完全燃烧烟气量。

在计算不完全燃烧时的干烟气量时，还应当考虑水分生成量的减少，由以上反应式可得：

$$V_{\alpha,q}^b = V_{\alpha,q} + (0.5V_{CO} + 1.5V_{H_2} + 2V_{CH_4}) \tag{2-84}$$

因此，在有过量空气存在的情况下，若发生不完全燃烧，烟气的体积将比完全燃烧情况下大，不完全燃烧程度越严重，烟气体积增加就越多。

（2）当过量空气系数 $\alpha < 1$ 时，不完全燃烧主要有两种情形：

1）燃料与空气混合均匀，且 O_2 全部消耗掉，烟气中留有 CO、H_2 和 CH_4 等成分。由以上反应方程式可知，$1m^3$ 此燃料烟气生成量体积减小 $(1.88V_{CO} + 1.88V_{H_2} + 9.52V_{CH_4})$。即：

$$V_{\alpha,q}^b = V_{0,q} - (1.88V_{CO} + 1.88V_{H_2} + 9.52V_{CH_4}) \tag{2-85}$$

干烟气量为：

$$V_{\alpha,q}^b = V_{0,q} - (1.88V_{CO} + 1.88V_{H_2} + 9.52V_{CH_4}) \tag{2-86}$$

因此，在 $\alpha < 1$ 且空气中的氧气全部消耗的情况下，烟气生成量有所减少，不完全燃烧程度越严重，烟气量减少越厉害。

2）氧气供应不足，且存在由于燃料与空气混合不好而造成的不完全燃烧，即烟气中还存在自由氧。设这部分氧气的体积为 V_{O_2}，折合空气量为 $V_{O_2}/0.21 = 4.76V_{O_2}$。当自由氧不为零时，生成的烟气量为：

$$V_{\alpha,q}^b = V_{0,q} - (1.88V_{CO} + 1.88V_{H_2} + 9.52V_{CH_4}) + 4.76V_{O_2} \tag{2-87}$$

因此，实际烟气生成量变化要看 $(1.88V_{CO} + 1.88V_{H_2} + 9.52V_{CH_4})$ 与 $4.76V_{O_2}$ 之差。若为正值，则 $V_{\alpha,q}^b < V_{0,q}$；否则，$V_{\alpha,q}^b > V_{0,q}$。但在大多数情况下，剩余氧气量很少，因此，不完全燃烧时的烟气量有所减少。

复习思考题

2-1　可燃物着火机理分为哪两种，自燃分为哪几类？

2-2　简述谢苗诺夫热自燃理论，并用该理论进行自燃着火分析。

2-3　简述链式反应热自燃理论，并用该理论分析着火条件。

2-4　简述可燃气体燃烧分类方式及种类，以及每种类型的定义。

2-5　简述闪点定义，可燃液体着火、燃烧的过程及可燃液体的燃烧方式。

2-6 可燃液体池火燃烧有什么显著特点？就池火中火焰对液体加热进行分析。

2-7 什么是扬沸腾（沸溢）？简述可燃液体沸溢的形成机理。

2-8 简述可燃固体着火过程。

2-9 什么是可燃固体阴燃？以圆纤维棒为例说明阴燃的传播过程。

2-10 简述火灾烟气的危害。

2-11 已知煤气成分（体积分数）为：$\varphi(C_2H_4)=4.8\%$，$\varphi(H_2)=37.2\%$，$\varphi(CH_4)=26.7\%$，$\varphi(C_3H_6)=1.3\%$，$\varphi(CO)=4.6\%$，$\varphi(CO_2)=10.7\%$，$\varphi(N_2)=12.7\%$，$\varphi(O_2)=2.0\%$，假定 $p=101.325kPa$、$T=273K$，空气处于干燥状态，求燃烧 $1m^3$ 煤气的理论空气量。

2-12 已知木材的组成（质量分数）为：$w(C)=43\%$，$w(H)=7\%$，$w(O)=41\%$，$w(N)=2\%$，$w(H_2O)=7\%$。试求 $5kg$ 木材完全燃烧的理论空气需要量。

3 火灾基础

3.1 火灾的特点及分类

3.1.1 火灾的特点

火灾是在时间或空间上失去控制的灾害性燃烧现象。火灾具有以下特点：

（1）严重性。火灾易造成重大的伤亡事故和经济损失，使国家财产蒙受巨大损失，严重影响生产的顺利进行，甚至迫使工矿企业停产，通常需较长时间才能恢复，有时火灾与爆炸同时发生，损失更为惨重。例如，1979 年 12 月 8 日，吉林市煤气公司液化石油气厂发生的恶性爆炸火灾事故，大火持续 23 小时，死亡 32 人，伤 54 人，财产损失 600 万元，投产仅两年的新企业付之一炬。1987 年 5 月 6 日，大兴安岭燃起的森林大火，足足烧了 28 天，死伤人数达 419 人，直接经济损失达 5 亿余元。

（2）复杂性。发生火灾的原因往往比较复杂，主要表现在着火源众多、可燃物广泛等。此外，建筑结构的复杂性和多种可燃物的混杂，也给灭火和火灾事故调查分析带来很多困难。

（3）多变性。火灾在发展过程中瞬息万变，不易掌握。火灾的蔓延发展受到各种外界条件的影响和制约，与可燃物的种类、数量、起火单元的布局、通风状况、初期火灾的处置措施等有关。火灾的多变性，既有人们扑救的因素，也有火场可燃物的因素，同时与天气条件有着密切的联系。例如，1993 年 7 月 21 日，福建省惠安县螺成综合市场发生特大火灾，死 15 人，伤 17 人，损失 260 余万元，大火烧起后，有一家人门前和四周浓烟滚滚，他们逃了出来，但没有顶风冲出去，而是跑到对面的一户人家中，结果风向一变，两家 8 口人全被浓烟呛死在屋内。

（4）突发性。火灾事故往往是在人们意想不到的时候突然发生，虽然有事故的征兆，但一方面是由于目前对火灾事故的监测、报警等手段的可靠性、实用性和广泛应用尚不理想，另一方面则是因为至今为止，还有相当多的人员对火灾事故的规律及其征兆了解甚微，耽误了救援时间，致使对火灾的认识、处理、救援造成很大困难。1993 年 2 月 14 日，唐山市林西百货大楼，因无证焊工违章动火作业酿就了一场大火，火焰从一楼大厅的海绵床垫上燃起，迅速蔓延，吞没了整幢三层大楼，处在火海中的工作人员和顾客被突如其来的灾害惊呆了，场内乱成一团，火势越烧越大，燃烧时产生的大量有毒气体，致使这些被包围的人群束手无策，只能眼睁睁地看着自己被大火吞噬掉，结果 81 人被烧死或窒息而亡。

（5）确定性。在特定的场合下发生的火灾基本上按着确定的过程发展，火源的燃烧蔓延、火势的发展、火焰烟气的流动传播将遵循确定的流体流动、传热传质以及质量守恒等规律。

（6）因果性与潜在性。火灾不会无缘无故地发生，必有原因。一般说来，火灾是由物和环境的不安全状态、人的不安全行为及管理缺陷共同作用引起的。潜在性是指火灾在尚未发生之前，一般都存在一些"隐患"，这些隐患一般不明显，不易引起人们的重视，但在一定条件下就可能引起火灾。火灾的这一特点，往往造成人们对火灾的盲目性和麻痹心理。

3.1.2　火灾的分类

3.1.2.1　按火灾损失程度的分类

根据 2007 年公安部下发的《关于调整火灾等级标准的通知》，火灾等级划分为特别重大火灾、重大火灾、较大火灾和一般火灾四个等级。

（1）特别重大火灾指造成 30 人以上死亡，或者 100 人以上重伤，或者 1 亿元以上直接财产损失的火灾。

（2）重大火灾指造成 10 人以上、30 人以下死亡，或者 50 人以上、100 人以下重伤，或者 5000 万元以上、1 亿元以下直接财产损失的火灾。

（3）较大火灾指造成 3 人以上、10 人以下死亡，或者 10 人以上、50 人以下重伤，或者 1000 万元以上、5000 万元以下直接财产损失的火灾。

（4）一般火灾指造成 3 人以下死亡，或者 10 人以下重伤，或者 1000 万元以下直接财产损失的火灾。

3.1.2.2　按燃烧对象的分类

按燃烧对象，火灾可分为固体、液体、气体可燃物火灾以及可燃金属火灾。

（1）固体可燃物火灾指普通固体可燃物燃烧引起的火灾，又称为 A 类火灾。固体物质是火灾中最常见的燃烧对象，主要有木材及木制品，纸张、纸板、棉花、合成纤维、纺织服装、床上用品，合成橡胶、合成塑料、电工产品、化工原料，建筑材料、装饰材料等，种类极其繁杂。

固体可燃物的燃烧方式有熔融蒸发式燃烧、升华燃烧、热分解式燃烧和表面燃烧四种类型。大多数固体可燃物是热分解燃烧。固体可燃物种类繁多、用途广泛、性质差异较大，导致固体物质火灾危险性差别较大，评定其火灾危险时要从多方面进行综合考虑。

（2）液体可燃物火灾指油脂及一切可燃液体引起的火灾，又称为 B 类火灾。油脂包括原油、汽油、煤油、柴油、重油、动植物油；可燃液体主要有酒精、苯、乙醚、丙酮等各种有机溶剂。

液体燃烧是液体可燃物首先受热蒸发变成可燃蒸气，其后是可燃蒸气扩散，并与空气混合形成预混可燃气，着火燃烧后形成预混火焰或扩散火焰。轻质液体的蒸发属相变过程，重质液体蒸发时还伴有热分解过程。评定可燃液体的火灾危险性的物理量是闪点。闪点小于 28℃ 的可燃液体属甲类火险物质，例如汽油；闪点大于及等于 28℃、小于 60℃ 的可燃液体属乙类火险物质，例如煤油；大于等于 60℃ 的可燃液体属丙类火险物质，例如柴油、植物油等。

（3）气体可燃物火灾指可燃气体引起的火灾，又称为 C 类火灾。可燃气体的燃烧方式分为预混燃烧和扩散燃烧。可燃气与空气预先混合好的燃烧称为预混燃烧，可燃气与空气边混合边燃烧称为扩散燃烧。失去控制的预混燃烧会导致爆炸，这是气体可燃物火灾中最危险的燃烧方式。可燃气体的火灾危险性用爆炸下限进行评定。爆炸下限小于 10% 的可燃气为甲类火险物质,例如氢气、乙炔、甲烷等;爆炸下限大于或等于 10% 的可燃气为乙类火险物质,例如一氧化碳、氨气、某些城市煤气。应当指出,绝大部分可燃气属于甲类火险物质,极少数才属于乙类火险物质。

(4) 可燃金属火灾指可燃金属燃烧引起的火灾,又称为 D 类火灾。例如锂、钠、钾、钙、锶、镁、铝、锆、锌、钚、钍和铀,由于它们处于薄片状、颗粒状或熔融状态时很容易着火,称它们为可燃金属。可燃金属引起的火灾之所以从 A 类火灾中分离出来,是因为这些金属在燃烧时,燃烧热很大,为普通燃料的 5~20 倍,火焰温度较高,有的甚至达到 3000℃以上;并且在高温下金属性质活泼,能与水、二氧化碳、氮、卤素及含卤化合物发生化学反应,使常用灭火剂失去作用,必须采用特殊的灭火剂灭火。

3.2　建筑物室内火灾

通常,在建筑物内存放最多的是固体可燃物。设某种可燃物体位于房间地板的中央,在点火源的作用下,该物体被引燃。刚起火时,火区一般较小,不过其燃烧速率与热释放速率都将逐渐增大。现结合图 3-1 简要说明火灾的发展过程。

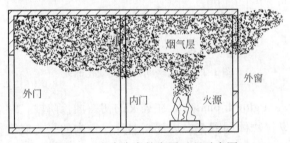

图 3-1　室内火灾的发展过程示意图

由于燃烧放热,火灾烟气的温度较高,在浮力作用下形成向上流动的羽流(plume)。羽流不断将周围的空气卷吸进来,因此其质量流率不断增加,温度逐渐降低。

当烟气到达顶棚受阻后,便沿着顶棚向四周扩散开来,形成顶棚射流(ceiling jet)。这种射流也能够卷吸其下方的空气,故射流中烟气的温度和浓度仍将继续下降。不过顶棚射流的卷吸能力比羽流弱得多。

当顶棚射流遇到周围墙壁的阻挡后,将会沿墙壁垂直向下流动,形成一种反浮力壁面射流。但由于烟气的温度仍然较高,这种射流下降一段距离后便会上浮,然后在顶棚下方逐渐积累下来,形成较稳定的烟气层(smoke layer)。在烟气层下方仍为室内原有的常温空气。

如果着火房间有门、窗之类的通风口,当烟气层界面低于通风口的上缘后,就会沿通风口排到室外;如果通风口关闭,或烟气不能充分地从通风口排出,则烟气层将会一直下降,直至接近地面。若房间内没有强烈的对流,则烟气层与空气层之间可存在较清晰的界面。根据这种现象,通常可将起火房间分为上部烟气层和下部空气层两个区域。

当室内的温度达到一定值后,其他大多数可燃物都会发生热解或气化,从而产生大量的可燃气体。当这些可燃气体达到着火浓度极限时,室内可发生强烈的整体燃烧现象,于是房间内都充满了火焰，这就是所谓的轰燃（flash-over）。

轰燃发生后，起火房间内的温度还将继续升高。通常这种高温将持续一段时间。轰燃还会发生火焰与高温烟气从开口窜出的现象。当火焰与高温烟气进入相邻房间或走廊时，则可引起这些区域失火，从而使火灾的危害范围扩大；当火焰窜到室外时，若相邻建筑与起火建筑距离很近，则也可能引发其起火。

随着室内可燃物的消耗，燃烧强度将逐渐减弱，直至熄灭。一般说，自然熄火需要比较长的时间。尤其是固体可燃物，当其挥发分的燃烧结束后，还会发生固体残渣的燃烧，而残渣是难以很快烧尽的。

火灾燃烧的强度经常通过室内平均温度的变化来描述。图 3-2 给出了起火房间内平均温度随时间变化的情况。据此可以将火灾的发展过程分为初始增长、充分发展和减弱三个阶段。

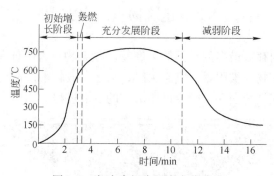

图 3-2　起火房间内温度变化曲线

（1）初始增长阶段（growth phase）。在火灾的初始增长阶段，燃烧范围一般仅限于起火点附近。因此除在燃烧物体周围存在局部高温外，室内的平均温度较低。若能在此阶段及时发现火灾并迅速将火扑灭，将能有效地避免造成大的损失。因此在建筑物内安装和配备适当数量的火灾探测与灭火设备是很有必要的。这一阶段对人员疏散也具有重要意义。发生火灾后，人员如果在此阶段不能疏散出去，就会有生命危险。

室内可燃物的种类不同，其热释放速率也存在较大不同，并因此导致室内的温度上升速率存在较大的差异。当普通家具着火时，室内的温升速率通常比较缓慢；但可燃液体、可燃塑料等物品着火后，燃烧发展非常迅速，火场的温度能够快速升高，其火灾初期的温升曲线将比较陡峭。

（2）充分发展阶段（full developed phase）。在火灾初始阶段的后期，燃烧强度的增大可使室内达到 600℃ 左右的高温，进而导致轰燃。轰燃是火灾由初期增长阶段向充分发展阶段转变的过渡阶段。不过由于轰燃持续的时间不长，一般将其作为一个事件对待。

室内发生轰燃后，整个起火室的温度急剧升高。若室内可燃物充足且通风良好，则室内可出现 1000℃ 以上的高温。火灾充分发展阶段的持续时间主要取决于室内可燃物的性质与数量，同时也与通风条件密切相关。

（3）减弱阶段（decay phase）。随着室内可燃物的挥发分不断减少，气相火焰逐渐减弱，燃烧强度递减，室内温度开始下降。一般认为，当室内平均温度降到温度最高值的80% 时，火灾进入减弱阶段。随后，房间内的温度下降加快。

但需要指出，在减弱阶段还会发生较长时间的固体残渣燃烧，这是一种无焰燃烧，存在局部高温。如果室内还能出现可燃气体，这种高温足以将其点燃，以致重新发生燃烧。当室内部分物品的燃烧不完全时很容易发生这种复燃现象。

3.3 火 羽 流

3.3.1 火羽流分类

在火灾燃烧中，起火可燃物上方的火焰及流动烟气通常称为羽流。羽流大体上由火焰和烟气两个部分组成。羽流的火焰大多数为自然扩散火焰，而烟气部分则是由可燃物释放的烟气产物和羽流在流动过程中卷吸的空气。羽流在烟气的流动与蔓延的过程中具有重要的作用，因此研究羽流的特性是进行烟气流动分析不可或缺的内容。

由于火灾中可燃物燃烧释放大量的热量和火焰，并同时生成大量的烟气，火灾烟气的温度很高而密度较小，会在浮力的作用下，烟气向上流动从而形成火羽流。根据羽流的分布和受限形式，可以分为以下四种类型：

（1）点源羽流。其也称为轴对称浮力羽流，在燃料上方形成扩散火焰时，假定羽流沿竖直中心线有一条对称轴。

（2）线羽流。它是由长、窄燃烧器上的扩散火焰形成的，热烟气上升时空气卷吸只发生在两侧。线羽流的典型例子有在可燃墙衬上传播的火焰、阳台上溢出的火羽流、长条沙发起火、一排房屋的火灾和森林火灾的火前锋等。

（3）受限羽流。火羽流会受到周围表面的影响。例如，物体靠墙燃烧时，空气卷吸面积将减小。类似地，火羽流撞击顶棚时将发生水平偏移形成顶棚射流。撞击顶棚同样会减少羽流卷吸空气的数量。

（4）无约束轴对称羽流。没有物理障碍限制竖直方向的运动，也没有约束通过羽流边界的空气卷吸。

3.3.2 轴对称浮力羽流

该类羽流为建筑火灾中最常见的羽流，由于燃烧现象的复杂性，目前常见的火灾羽流模型大多是基于实际火灾实验的经验模型。此前，很多研究人员对火灾的羽流模型，特别是轴对称羽流模型的建立和进一步改进做了重要工作。本书以点源羽流（轴对称浮力羽流，如图 3-3 所示）为例作为主要详述对象。

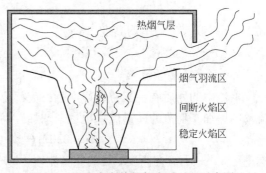

图 3-3　室内火灾热烟气发展过程示意图

由于火灾中可燃物燃烧释放大量的热量和火焰，并同时生成大量的烟气，火灾烟气的温度很高而密度较小，会在浮力的作用下，烟气向上流动从而形成火羽流。室内火灾发生以后，从可燃物起火至轰燃这段时间，在可燃物上方形成持续火焰区，间歇火焰区和浮力火羽流区，这三部分合称为火羽流。火羽流的下部为自然扩散火焰，一般称其为燃烧羽流区。实际上，自然扩散火焰还分为两个小区，前一小区为连续火焰区，后一小区为间歇火焰区。火焰区的上方为烟气羽流区，其流动完全由浮力效应控制，一般称其为浮力火羽流，其简化模型如图 3-4 所示。

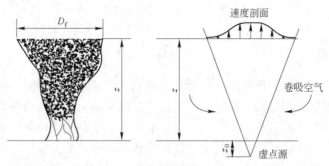

图 3-4　火羽流简化示意图

3.3.2.1　虚点源的位置

为了计算羽流的参数随高度的变化，需要选取一个基准位置，这一位置称为虚点源（virtual source）。虚点源的高度通常用下式估计：

$$z_0 = C_3 Q^{2/5} - 1.02 D_f \tag{3-1}$$

式中　z_0——虚点源距离火源面的高度，m；

$\quad$ Q——火源的热释放速率，kW；

$\quad$ D_f——火源的直径，m；

$\quad$ C_3——经验常数，$C_3 \approx 0.083$。

当 z_0 为正时，虚点源位于火源根部平面的上方；当 z_0 取负值时，虚点源处于火源根部平面的下方。

3.3.2.2　火焰高度

火焰是羽流中的高温区，如果物体受到火焰的直接灼烧大都会造成严重的损坏，因此火焰高度是一个十分重要的参数。自然扩散火焰的高度可用下式估算：

$$z_f = C_7 Q^{2/5} - 1.02 D_f \tag{3-2}$$

式中　z_f——火焰的平均高度，m；

$\quad$ C_7——经验常数，一般 $C_7 \approx 0.235$。

3.3.2.3　质量流率

羽流中的物质有一部分燃烧产物，大部分是在羽流上升过程中卷吸进来的空气。随着流动的增加，羽流的质量流率也逐渐增加。羽流的质量流率可按下式估算：

$$\dot{m} = 0.071 Q_c^{1/3} z^{5/3} + 0.0018 Q_c \tag{3-3}$$

式中　$\dot{m}$——羽流在高度 z 处的质量流率，kg/s；

$\quad$ Q_c——火源的总热释放速率 Q 的对流部分，kW，一般可认为 $Q_c = 0.7Q$；

$\quad$ z_0——虚点源的高度，m。

对于直径较大的火源，羽流的质量卷吸速率也可以用下式估算：

$$\dot{m} = 0.096 P_f \rho_0 Y^{3/2} (g T_0 / T_f)^{1/2} \tag{3-4}$$

式中 P_f——火区的周长，m；

  Y——由地板到烟气层下表面的距离，m；

  ρ_0——环境空气的密度，kg/m³；

 T_0，T_f——环境空气和火羽流的温度，K；

  $\dot{m}$——可视为烟气的质量生成速率。

若取 $\rho_0 = 1.22$kg/m³，$T_0 = 290$K，$T_f = 1100$K，上式便成为：

$$\dot{m} = 0.188 P_f Y^{3/2} \tag{3-5}$$

羽流的体积流率可通过下式得到：

$$\dot{V} = \frac{\dot{m}}{\rho_p} \tag{3-6}$$

式中 $\dot{V}$——z 高度处的羽流体积流率，m³/s；

  ρ_p——z 高度处的气体密度，kg/m³。

3.3.2.4 羽流平均温度

$$T_p = T_z + \frac{Q_c}{\dot{m}c_p} \tag{3-7}$$

式中 T_p——z 高度处羽流气体的平均温度，K；

  T_z——z 高度处周围空气的热力学温度，K；

  c_p——羽流中气体的比定压热容，kJ/(m³·K)。

3.3.2.5 羽流中心线温度

$$T_{cp} = T_z + C_5 \left(\frac{T_z}{g c_p^2 \rho_z^2} \right)^{1/3} \frac{Q_c^{2/3}}{(z - z_0)^{5/3}} \tag{3-8}$$

式中 T_z——z 高度处周围空气的热力学温度，K；

  ρ_z——z 高度处空气的密度，kg/m³；

  g——当地的重力加速度，m/s²；

  C_5——常数，$C_5 = 9.1$。

3.3.3 火羽流模型

区域火灾模拟方法中，火源热释放速率模型是能量守恒方程的源项，而热烟气层与冷空气层之间的能量交换主要通过羽流来实现。在一定的建筑结构和火灾规模条件下，烟气的生成量主要取决于羽流的质量流量，它是进行火灾模拟、火灾及烟气发展评价和防排烟设计的基础。由于火灾烟气的复杂性，目前的羽流计算多采用基于实际火灾实验的半经验公式，比较著名的有 Zukoski 模型、Thomas-Hinkley 模型、McCaffrey 模型等，但这些模型有着各自不同的实验基础和适用条件，对同一问题各模型得出的结果往往存在着差异，世界上几个著名的建筑火灾区域模拟软件（如 CFAST、MRFC、Jasmine、Sophie 等）都采用不同的羽流模型。

3.3.3.1 Zukoski 模型（1）

对于小面积的圆形和矩形（长边长度小于 3 倍短边长度）火源，Zukoski 提出了下面

的羽流质量流量计算式:

$$m_e = C_e Q_p^{1/3} z^{5/3} \tag{3-9}$$

式中　m_e——高度 z 处羽流的质量流量，kg/s；

　　　C_e——系数，kg/(s·kW$^{1/3}$·m$^{5/3}$)，当火源在房间中间时，$C_e = 0.071$，当火源一面靠墙时 $C_e = 0.044$，当火源靠近墙角时 $C_e = 0.028$；

　　　Q_p——对流热流量，即火源总热释放速率中对流所占的部分，kW；

　　　z——从可燃物表面至计算羽流质量流量处的高度，m。

应用此公式时要注意以下条件，当 $z \geq 10D$ 以及 $z >> z_{fl}$（D 为火源直径，m；z_{fl} 为火焰高度），则火焰高度 z_{fl} 用下面的公式计算：

$$z_{fl} = -1.02D + 0.235Q_p^{2/5} \tag{3-10}$$

3.3.3.2　Zukoski 模型 (2)

应用式(3-9)计算羽流质量流量时，计算结果往往小于实验结果，因此 Zukoski 在式 (3-11)中引进虚拟点火源的概念，对式(3-9)的计算结果进行修正。

$$m_e = C_e Q_p^{1/3} (z - z_0^{5/3}) \tag{3-11}$$

$$z_0 = -1.02D + 0.083Q_p^{2/5} \tag{3-12}$$

式中　z——从可燃物表面至计算羽流质量流量处的高度，m；

　　　z_0——从可燃物表面至虚拟点火源的高度，m。

应用式(3-11)时应注意 $z \geq 10D$ 及 $z >> z_{fl}$ 的条件。

3.3.3.3　Thomas-Hinkley 模型

Thomas-Hinkley 在大量实验和理论工作的基础上，总结出 $z < 10D$ 条件下大面积火源羽流质量流量的计算公式，见式 (3-13)：

$$m_e = C_e z^{3/2} U \tag{3-13}$$

式中　C_e——系数，kg/(s·m$^{5/2}$)，对于很大的房间但顶棚高度远离火焰表面的建筑物 $C_e = 0.19$kg/(s·m$^{5/2}$)，对于很大的房间但顶棚高度接近火焰表面的建筑物 $C_e = 0.21$kg/(s·m$^{5/2}$)，对于小房间 $C_e = 0.34$ kg/(s·m$^{5/2}$)；

　　　U——火源的周长，m；

　　　z——从可燃物表面至计算羽流质量流量处的高度，m。

3.3.3.4　McCaffrey 模型

McCaffrey 通过天然气扩散火焰的火灾实验得出一组分别描述稳定火焰区、间断火焰区及烟气羽流区的羽流流量的计算公式，见式 (3-14)。该羽流流量计算公式被区域火灾模拟软件 CFAST 所应用。

在稳定火焰区：　$\dfrac{m_e}{Q_p} = 0.011 \left(\dfrac{z}{Q_p^{2/5}} \right)^{0.566}$　$0.00 \leqslant \dfrac{z}{Q_p^{2/5}} \leqslant 0.08$

在间断火焰区：　$\dfrac{m_e}{Q_p} = 0.026 \left(\dfrac{z}{Q_p^{2/5}} \right)^{0.909}$　$0.08 \leqslant \dfrac{z}{Q_p^{2/5}} \leqslant 0.20$　(3-14)

在羽流区：　$\dfrac{m_e}{Q_p} = 0.124 \left(\dfrac{z}{Q_p^{2/5}} \right)^{1.895}$　$0.20 \leqslant \dfrac{z}{Q_p^{2/5}}$

式中　z——从可燃物表面至计算羽流质量流量处的高度，m。

3.3.3.5 NFPA 模型

NFPA 火灾防护手册中推荐的羽流流量计算公式，见式（3-15）。该计算公式依 FMRC（Factory Mutual Research Corporation）的火灾实验，在使用中应注意 $z \gg z_{fl}$ 的条件。

$$m_e = 0.071 k^{2/3} Q_p^{1/3} z^{5/3} + 0.0018 Q_p \qquad (3-15)$$

式中　z——从可燃物表面至计算羽流质量流量处的高度，m；

　　　k——系数，不同火源位置时系数 k 的取值见表 3-1。

表 3-1　不同火源位置时系数 k 的取值

火源位置	k	$k^{3/2}$	$0.071 k^{3/2}$
不受墙体影响	1	1	0.071
靠近外墙角	0.75	0.83	0.059
一面靠墙	0.50	0.63	0.045
靠近内墙角	0.25	0.40	0.028

由表 3-1 可知，如果火源位置不受墙体影响，$k=1$，$0.071 k^{3/2}=0.071$，此时式(3-15)和式(3-9)相比多 $0.0018 Q_p$ 项。

NFPA 模型适用于小面积火源条件下的羽流质量流量计算，Thomas-Hinkley 模型适用于大面积火源条件下的羽流质量流量计算，McCaffrey 模型既适用于小面积火源也适用于大面积火源条件下的羽流质量流量计算。

3.4　顶　棚　射　流

如果烟气羽流受到顶棚的阻挡，则热烟气将形成沿顶棚下表面水平流动的顶棚射流。顶棚射流是一种半受限的重力分层流。当烟气在水平顶棚下积累到一定的厚度时，便发生水平流动。羽流在顶棚上撞击区大体为圆形，刚离开撞击区边缘的烟气层不太厚，顶棚射流由此向四周扩散。顶棚的存在将表现出固壁边界对流动的黏性影响，因此在十分贴近顶棚的薄层内，烟气的流速较低；随着垂直向下离开顶棚距离的增加，其速度不断增加；而超过一定距离后，速度便逐渐降低为零。这种速度分布使得射流前锋的烟气转向下流，然而热烟气仍具有一定浮力，还会很快上浮。于是顶棚射流中便形成一连串的漩涡，它们可将烟气层下方的空气卷吸进来，因此顶棚射流的厚度逐渐增加，而速度逐渐降低。

大多数建筑房间的顶棚是水平的，在此重点讨论这种情况。设火源表面到顶棚的高度为 H，烟气羽流以轴对称的形式撞击顶棚，离开撞击区的中心水平距离为 r。这样，在顶棚之下 $r>0.18H$ 的任意径向范围内，顶棚射流的最高温度可用下面的方程式描述：

$$T_{max} - T_0 = \frac{5.38}{H}(Q/r)^{2/3} \qquad (3-16)$$

如果 $r \leqslant 0.18H$，即在羽流撞击区内，烟气的最高温度用下式计算：

$$T_{max} - T_0 = \frac{16.9 Q^{2/3}}{H^{5/3}} \qquad (3-17)$$

式中　Q——火源的热释放速率，kW。

与温度分布类似，顶棚射流的最高速度有如下分布特征：

$$u_{\mathrm{m}} = 0.052\left(\frac{Q}{H}\right)^{1/3} \qquad (r \leqslant 0.15H) \qquad (3\text{-}18)$$

$$u_{\mathrm{m}} = 0.196\left(\frac{Q^{1/3}H^{1/32}}{r^{5/3}}\right) \qquad (r > 0.15H) \qquad (3\text{-}19)$$

图 3-5 给出了顶棚射流示意。

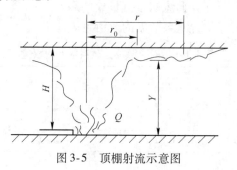

图 3-5　顶棚射流示意图

3.5　室内火灾中的特殊现象

3.5.1　轰燃

建筑物火灾中室内受限空间内火焰、羽流、热烟气、顶棚射流、反浮力壁面射流以及建筑物开口的相互作用，进一步加剧了可燃物的热分解和燃烧，使得室内温度不断升高，辐射传热效应增强。辐射传热效应可以使距离起火物较远的可燃物被引燃，火势将进一步增强。

当起火房间温度达到一定值时，建筑物的通风状况对于火灾的继续发展占据主导作用，这时室内所有可燃物的表面都将开始燃烧，火焰基本上充满整个室内空间，称为轰燃（flash-over）。轰燃的出现标志着火灾充分发展阶段的开始。需要指出的是，轰燃的定义是有限制的，它主要适用于接近于正方体且不太大的房间内的火灾，在长、高的受限空间内，所有可燃物被同时点燃是不可能的。

轰燃发生后，房间内所有可燃物都将猛烈燃烧，室内可出现 1000℃ 以上的高温。室内出现的高温还对建筑构件产生作用，使其承载能力下降，甚至造成建筑物局部破坏或整体倒塌。火焰或高温烟气还会从房间的开口喷出，使火灾蔓延到建筑物的其他部分。

确定轰燃的临界条件主要有两种方法。一种方法是以房间地板平面接受到的热通量达到一定值为临界条件。在高度为 3m 左右普通房间内的火灾试验表明，此值约为 20kW/m²。上述热通量足以使放在地板上的纸片发生燃烧，但对于较厚的可燃物品，这种热通量往往不足以将其引燃。另一种是用房间顶棚温度接近 600℃ 为临界条件，这种数据是根据高度为 2.7m 的房间的火灾试验得到的。结合前一种判断方式可以想到，由于轰燃临界条件与到达室内地板的热通量有关，因此发生轰燃时的顶棚温度应当与房间高度有关。当房间较高时，为达到轰燃，顶棚温度应当高一些。

建筑火灾内部发生轰燃的迹象有以下五点：

（1）产生灼伤人皮肤的辐射热，几秒钟后辐射热强度可达 10kW/m²。

（2）室内的热气流使人无法坚持，室内的对流温度接近450℃。

（3）建筑物门的温度较高，木质部分温度平均超过320℃。

（4）由门上窜出的火舌几乎达到顶棚，大量的辐射热由顶棚反射到室内的可燃物上。

（5）烟气降至离地面1m左右，空气中的热层部分占据上部空气，驱使热分解产物下降。

发生轰燃的临界热释放速率可用下式计算：

$$Q_{f0} = 7.8A_f + 378A_w\sqrt{H_w} \tag{3-20}$$

式中 A_f——房间地板的面积，m^2；

A_w——通风口面积；

H_w——通风口高度。

式（3-20）是以烟气层的平均温度达到600℃为条件得到的，该起火房间的壁面材料的性质与石膏板类似。

3.5.2 回燃

回燃（back draft）是室内可燃烟气发生再燃烧时出现的一种火灾现象。如果火灾是在建筑物的门窗关闭情况下发生的，则由于空气供应严重不足，燃烧产生的烟气中将含有大量的可燃组分。若此时房间突然形成某种开口，例如将门打开、窗玻璃破裂或木隔墙烧穿等，可致使新鲜空气突然进入。当其与积累在室内的可燃烟气大范围混合后，能够发生强烈的燃烧，火焰可以迅速蔓延开来，乃至由开口窜出。图3-6显示了回燃火焰由房间开口窜出的情形。回燃具有很大的破坏力，不仅可对建筑物造成严重损坏，而且能对前去灭火的消防人员构成严重威胁。

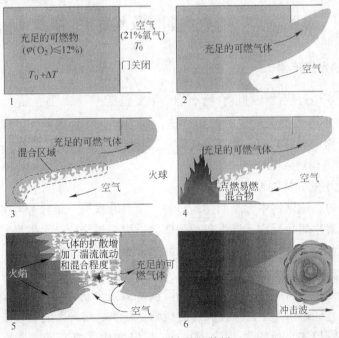

图3-6　回燃火焰的传播

控制新鲜空气的突然流入是防止发生回燃的重要方面。当发现起火的建筑物内已存在大量黑红色的浓烟时，若尚未做好灭火准备，则不要轻易打开门窗。首先打开下部开口，让空气缓慢进入，避免造成强烈的混合。并可喷入一定的水雾，降低烟气的温度，从而减小烟气被点燃的可能。

消除点火源是防止发生回燃的另一个基本条件。在起火房间内，不仅要注意及时扑灭小的明火，而且应注意清除隐蔽的火源。例如某些被其他材料遮盖的起火物品，由于缺氧而未出现强烈燃烧，一旦将遮盖物移走，它们可很快转变为明火，并可诱发回燃。此外，还应注意防止产生电火花，因此，在火灾中禁止启动无防爆措施的电气设备。

在较高的温度下，可燃烟气点燃的可能性比在常温下大得多，现结合图3-7说明。图中的实线为某种可燃气体的燃烧速率曲线，其两端为其可燃浓度界限。随着温度的升高，可燃浓度界限显著扩大，当温度达到该气体的自燃温度时，则在任何浓度下都可着火。因此，在充满高温烟气的起火房间内，较小的点火源也具有较大的危险性。

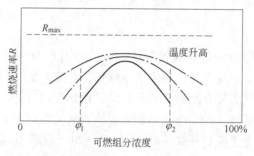

图3-7　热烟气可燃浓度界限的变化

3.6　火灾烟气及其危害

3.6.1　火灾中的燃烧产物

火灾烟气是燃烧过程的一种混合物产物，主要包括：

（1）可燃物热解或燃烧产生的气相产物，如未燃气体、水蒸气、CO_2、CO、多种低分子的碳氢化合物及少量的硫化物、氯化物、氰化物等；

（2）由于卷吸而进入的空气；

（3）多种微小的固体颗粒和液滴。

当火灾发生时，建筑物中大量的建筑材料、家具、衣服、纸张等可燃物受热分解，并与空气中的氧气发生氧化反应，产生各种生成物。完全燃烧所产生的烟气的成分中，主要为 CO_2、H_2O、NO_2、P_2O_5 或卤化氢等，有毒有害物质相对较少。但是，根据火灾的产生过程和燃烧特点，除了处于通风控制下的充分发展阶段以及可燃物几乎耗尽的减弱阶段，火灾的过程常常处于燃料控制的不完全燃烧阶段。不完全燃烧所产生的烟气的成分中，除了上述生成物外，还可以产生一氧化碳、有机磷、烃类、多环芳香烃、焦油以及炭屑等固体颗粒。这些小颗粒的直径约为 $10 \sim 100\mu m$，在温度和氧浓度足够高的前提下，这些碳烟颗粒可以在火焰中进一步氧化，或者直接以碳烟的形式离开火焰区。火灾初期有焰燃烧产生的烟气颗粒则几乎全部由固体颗粒组成。其中只有一小部分颗粒在高热通量作用下脱离固体灰分，大部分颗粒则是在氧浓度较低的情况下，由于不完全燃烧和高温分解而在气相中形成的炭颗粒。这两种类型的烟气都是可燃的，一旦被点燃，在通风不畅的受限空间内极有可能发展为爆炸。

烟气降低了空气中的氧浓度，妨碍人们的呼吸，造成人员逃生能力的下降，也可能直接造成人体缺氧致死。随着我国经济水平不断提高，高层民用建筑尤其是高层公共建筑（如宾馆、饭店、写字楼、综合楼等）大量出现，高分子材料大量应用于家具、建筑装修、管道及其保温、电缆绝缘等方面。一旦发生火灾，建筑物内着火区域的空气中充满了大量的有毒的浓烟，毒性气体可直接造成人体的伤害，甚至致人死亡，其危害远远超过一般可燃材料。以我国新建高层宾馆标准客房（双人间）为例，平均火灾荷载约为 $30 \sim 40 kg/m^2$。一般木材在 300℃ 时，其发烟量约为 $3000 \sim 4000 m^3/kg$，如典型客房面积按 $18m^2$ 进行计算，室内火灾温度达到 300℃ 时，一个客房内的发烟量为 $35m^2/kg \times 18m^2 \times 3500m^3/kg = 2205000m^3$。如果发烟量不损失，一个标准客房火灾产生的烟气可以充满 24 座像北京长富宫饭店主楼（高 90m，标准层面积 $960m^2$）那样的高层建筑。

3.6.2 火灾烟气的特征参数

表示烟气基本状态的特征参数常用的有压力、温度、减光性等。

3.6.2.1 压力

在火灾发生、发展和熄灭的不同阶段，建筑物内烟气的压力分布是各不相同的。以着火房间为例，在火灾发生初期，烟气的压力很低，随着着火房间内烟气量的增加，温度上升，压力相应升高。当发生火灾轰燃时，烟气的压力在瞬间达到峰值，门窗玻璃均存在被震破的危险。烟气和火焰一旦冲出门窗空洞之后，室内烟气的压力就很快降低下来，接近室外大气压力。据测定，一般着火房间内烟气的平均相对压力约为 $10 \sim 15 Pa$，在短时可能达到的峰值约为 $35 \sim 40 Pa$。

3.6.2.2 温度

在火灾发生、发展和熄灭的不同阶段，建筑物内烟气的温度分布是各不相同的。以着火房间为例，在火灾发生初期，着火房间内烟气温度不高。随着火灾发展，温度逐渐上升，当发生轰燃时，室内烟气的温度相应急剧上升，很快达到最高水平。实验表明，由于建筑物内部可燃材料的种类不同，门窗空洞的开口尺寸不同，建筑结构形式不同，着火房间烟气的最高温度各不相同。小尺寸房间着火时烟气的温度一般可达 $500 \sim 600℃$，较大的房间则可达到 $800 \sim 1000℃$。地下建筑火灾中烟气温度可高达 1000℃ 以上。

3.6.2.3 烟气的减光性

由于烟气中含有固体和液体颗粒，对光有散射和吸收作用，使得只有一部分光能通过烟气，造成火场能见度大大降低，这就是烟气的减光性。烟气浓度越大，其减光作用越强烈，火区能见度越低，不利于火场人员的安全疏散和应急救援。

烟气的减光性是通过测量光束穿过烟场后光强度的衰减确定的，测量方法如图 3-8 所示。

设由光源射入某一空间的光束强度为 I_0，该光束由该空间射出后的强度为 I。若该空间没有烟尘，则射入和射出的光强度几乎不变。光束通过的距离越长，射出光束强度衰减的程度越大。根据比尔-兰勃定律，在有烟气的情况下，光束穿过一定距离 L 后的光强度 I 可表示为：

$$I = I_0 \exp(-K_c L) \tag{3-21}$$

式中　I——光源穿过一定距离 L 以后的光束强度，cd（坎德拉）；

　　　　K_c——烟气的减光系数，m^{-1}，它表征烟气减光能力，其大小与烟气度、烟尘颗粒的直径及分布有关；

　　　　I_0——光源的光束强度，cd（坎德拉）；

　　　　L——光束穿过的距离，m。

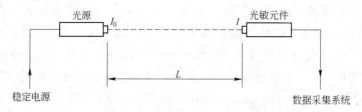

图 3-8　烟气减光性的测量原理

可以进一步表示为：

$$K_c = K_m M_s \tag{3-22}$$

式中　K_m——比消光系数，即单位质量浓度烟气的减光系数，m^2/kg；

　　　　M_s——烟气质量浓度，即单位体积内烟气的质量，kg/m^3。

烟气的减光性还可用百分减光度来描述，即：

$$B = \frac{I_0 - I}{I_0} \times 100$$

式中　$I_0 - I$——光强度的衰减值，cd（坎德拉）；

　　　　B——百分减光度，%。

测量烟气减光性的方法比较适用于火灾研究，它可以直接与所考虑场合下人的能见度建立联系，并为火灾探测提供了一种方法。

3.6.2.4　烟气的光密度

将给定空间中烟气对可见光的减光作用定义为光密度 D，即：

$$D = \lg\left(\frac{I}{I_0}\right) \tag{3-23}$$

将式（3-21）、式（3-22）代入式（3-23），得到：

$$D = \frac{K_c L}{2.3} = \frac{K_m M_s L}{2.3} \tag{3-24}$$

这表明烟气的光密度与烟气质量浓度、平均光线行程长度和比消光系数成正比。为了比较烟气浓度，通常将单位平均光路长度上的光密度 $D_L(m^{-1})$ 作为描述烟气浓度的基本参数，即：

$$D_L = \frac{D}{L} = \frac{K_m M_s}{2.3} = \frac{K_c}{2.3} \tag{3-25}$$

此外，在研究和测试固体材料的发烟特性时，将烟收集在已知容积的容器内，确定它的减光性，一般表示为比光学密度 D_s，此法只适用于小尺寸和中等尺寸的试验，称为烟箱法。

所谓比光学密度 D_s，是从单位面积的试样表面所产生的烟气扩散在单位体积的烟箱内，单位光路长度的光密度。比光学密度 D_s 可用下式表示：

$$D_s = \frac{VD}{AL} = \frac{VD_L}{A} \tag{3-26}$$

式中 D_s——比光学密度，m^{-1}；

V——烟箱体积，m^3；

A——发烟试件的表面积，m^2。

比光学密度 D_s 越大，则烟气浓度越大。表 3-2 给出了部分可燃物发烟的比光学密度。

表 3-2 部分可燃物发烟的比光学密度

可燃物	最大 D_s/m^{-1}	燃烧状况	试件厚度[1]/cm
硬纸板	67	明火燃烧	0.6
硬纸板	600	热解	0.6
胶合板	110	明火燃烧	0.6
胶合板	290	热解	0.6
聚苯乙烯（PS）	>660	明火燃烧	0.6
聚苯乙烯（PS）	370	热解	0.6
聚氯乙烯（PVC）	>660	明火燃烧	0.6
聚氯乙烯（PVC）	300	热解	0.6
聚氨酯泡沫塑料（PUF）	20	明火燃烧	1.3
聚氨酯泡沫塑料（PUF）	16	热解	1.3
有机玻璃（PMMA）	720	热解	0.6
聚丙烯（PP）	400	明火燃烧（水平放置）	0.4
聚乙烯（PE）	290	明火燃烧（水平放置）	0.4

[1]试件面积为 $0.055\mathrm{m}^2$，垂直放置。

3.6.3 烟气的流动

3.6.3.1 烟气的分层

由于烟气自身的浮力，烟气在竖向上的分层是建筑火灾的基本现象之一，通常意义的烟气分层是指温度分层。然而，火灾烟气本身是含有热量的多组分混合物，因此，烟气分层的概念具有多重性。从人类已经认识到的烟气危害性来看，可以将烟气分层细分为温度分层，有毒气体组分（如 CO）分层和烟颗粒浓度分层。普通房间的火灾环境可用传统的双层区域模型（Two-Layer-Zone Model）进行描述。双层区域模型认为：在竖直方向上，烟气的主要流动参数有明显分层且各种流动参数的分层界面一致；在水平方向上，烟气的主要流动参数没有变化，可视为均匀分布。

3.6.3.2 通风口流动

起火房间的通风状况主要由通风口的大小、高度及分布确定。对于与普通卧室大小相当的房间，若以木垛为可燃物，其轰然后阶段的燃烧速率与通风口的关系可用下式计算：

$$\dot{m} = \phi A_{\mathrm{w}} \sqrt{H_{\mathrm{w}}} \tag{3-27}$$

式中　$\dot{m}$——木垛的质量燃烧速率，$\mathrm{kg/min}$；

　　　A_{w}——通风口的面积，m^2；

　　　H_{w}——自身高度，m；

　　　ϕ——修正系数，在一般情况下约为 5.5，当房间大小改变时，此值可能会略微偏离；

$A_{\mathrm{w}}\sqrt{H_{\mathrm{w}}}$——通常称为通风因子。

随着通风因子的变化，室内燃烧可出现燃料控制燃烧和通风控制燃烧两种状态。一般可采用下式来区分两种燃烧状态：

通风控制：
$$\frac{\rho g^{1/2} A_{\mathrm{w}} \sqrt{H_{\mathrm{w}}}}{A_{\mathrm{f}}} < 0.235 \tag{3-28}$$

燃料控制：
$$\frac{\rho g^{1/2} A_{\mathrm{w}} \sqrt{H_{\mathrm{w}}}}{A_{\mathrm{f}}} > 0.290 \tag{3-29}$$

式中　A_{f}——可燃物表面积，m^2。

在室内火灾的充分发展阶段，燃烧基本上处于通风控制状态。

3.6.3.3　烟囱效应

高层建筑往往有许多竖井，如楼梯井、电梯井、竖直机械通道及通讯槽等。如图 3-9 所示的竖井，假设仅在竖井下部有开口。设竖井高 H，内外温度分别为 T_{s} 和 T_{o}，ρ_{s} 和 ρ_{o} 分别为竖井内外空气在温度 T_{s} 和 T_{o} 时的密度，g 是重力加速度常数。

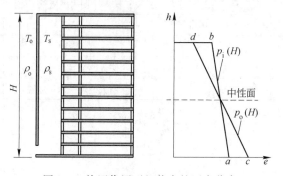

图 3-9　热压作用下竖井内的压力分布
$p_{\mathrm{i}}(H)$—竖井内压力线；$p_{\mathrm{o}}(H)$—室外压力线

假设地板平面的大气压力为 p_{o}，则建筑内部高 H 处压力 $p_{\mathrm{i}}(H)$ 为：

$$p_{\mathrm{i}}(H) = p_{\mathrm{o}} - \rho_{\mathrm{s}} g H \tag{3-30}$$

建筑外部高 H 处的压力 $p_{\mathrm{o}}(H)$ 为：

$$p_{\mathrm{o}}(H) = p_{\mathrm{o}} - \rho_{\mathrm{o}} g H \tag{3-31}$$

因此，竖井高度为 H 处的建筑内外压差为：

$$\Delta p_{\mathrm{io}} = (\rho_{\mathrm{o}} - \rho_{\mathrm{s}}) g H \tag{3-32}$$

建筑物内外的压差变化与大气压 p_{atm} 相比要小得多，因此可根据理想气体状态方程，用大气压 p_{atm} 来计算气体密度随温度的变化。假设烟气遵循理想气体定律，烟气的相对分子质量与空气的平均相对分子质量相同，即等于 0.0289kg/mol，则：

$$\Delta p_{io} = \frac{gHp_{atm}}{R}\left(\frac{1}{T_o} - \frac{1}{T_s}\right) \tag{3-33}$$

竖井内部压力和外部压力相等的高度所在的平面，称为中性面。

建筑物火灾过程中，着火房间温度（T_s）往往高于室外温度（T_o），因此火灾室内空气的密度（ρ_s）比室外空气密度（ρ_o）小。在密度差和高程差的共同作用下，形成建筑物竖井内外压差。这种由于室内外温差引起的压力差，称为热压差。热压作用产生的通风效应称为"烟囱效应"。高度越高，内外压差越大，上下压差越大，烟囱效应越强烈。但也有特例，并非多层建筑的烟囱效应都大于单层建筑。如图 3-10 所示的多层外廊式建筑，在建筑内部没有竖向的空气流动通道，因此就不存在图 3-9 所示的烟囱效应。这时每层的热压作用的自然通风与单层建筑没有本质区别。这种建筑正如沿山坡而建的单层建筑群一样。

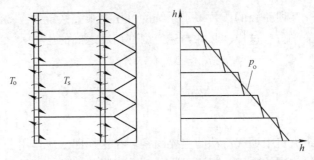

图 3-10　多层外廊式建筑在热压作用下的自然通风

对于处于火灾的建筑物来讲，竖井内上部压力始终小于下部压力，竖井内压力始终大于竖井外压力。发生火灾时，建筑物竖井内热烟气和空气的混合物在压差的作用下，向上运动，称为正烟囱效应，如图 3-11(a)所示。建筑物火灾过程中，热烟气上升过程中，一旦遇到开口，就会导致烟气向其他未着火区域蔓延，对人员生命和财产安全造成极大的威胁。其他如冬季采暖建筑物室内温度高于室外温度，也会在建筑物内产生正烟囱效应，造成热量损失。夏季安装空调系统的建筑内，室内温度比室外温度低，竖井内气流呈下降的现象，称为逆烟囱效应，如图 3-11(b)所示。图 3-11 所示的建筑物内，假设所有的垂直流动都发生在竖井内，然而实际建筑物的楼层地板间会有缝隙，因此也有一些穿过楼板的气体流动。然而，就普通建筑物而言，由于流过楼板的气体量比通过竖井量要少得多，

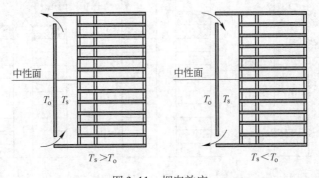

图 3-11　烟囱效应

(a) 正烟囱效应；(b) 逆烟囱效应

通常仍假定建筑物为楼层间没有缝隙的理想建筑物。因此通过任一层的有效流通面积为:

$$A_e = \left(\frac{1}{A_{si}^2} + \frac{1}{A_{io}^2} \right)^{-1/2} \tag{3-34}$$

式中　A_e——竖井与外界间的有效流通面积,m^2;

　　　A_{si}——竖井与建筑物间某层的流通面积,m^2;

　　　A_{io}——建筑物某层与外界间的流通面积,m^2。

通过该层的质量流量 q_m(单位为 kg/s)可表示为

$$q_m = \mu A_e (2\rho \Delta \rho_{io})^{1/2} \tag{3-35}$$

式中　μ——流量系数;

　　　ρ——流动介质密度;

　　　其他符号含义同前。

在串联路径中,某段路径的压差等于系统的总压差乘上系统的有效流通面积与这段路径的流通面积之比的平方。这样,竖井与建筑内部房间之间的压差为:

$$\Delta p_{si} = \Delta p_{io} (A_e / A_{si})^2 \tag{3-36}$$

$$\Delta p_{si} = \frac{\Delta p_{io}}{1 + \left(\dfrac{A_{si}}{A_{io}} \right)^2} \tag{3-37}$$

烟囱效应是建筑火灾中烟气流动的主要因素。在正烟囱效应作用下,低于中性面火源产生的烟气将与建筑物内的空气一起流入竖井,并沿竖井上升。一旦升到中性面以上,烟气便可由竖井流出来,进入建筑物的上部楼层。楼层间的缝隙也可使烟气流向着火层上部的楼层。如果忽略不计楼层间的缝隙,则中性面以下的楼层,除了着火层以外都将没有烟气。但如果楼层间的缝隙很大,则直接流进着火层上一层的烟气将比流入中性面下其他楼层的要多,见图 3-12(a);若中性面以上的楼层发生火灾,由正烟囱效应产生的空气流动可限制烟气的流动,空气从竖井流进着火层能够阻止烟气流进竖井,见图 3-12(b);如果着火层燃烧强烈,热烟气的浮力克服了竖井内的烟囱效应,则烟气仍可进入竖井继而流入上部楼层,见图 3-12(c)。逆烟囱效应的空气流可驱使比较冷的烟气向下运动,但在烟气较热的情况下,浮力较大,即使楼内起初存在逆烟囱效应,不久后也会使烟气向上运动。建筑火灾中起主要作用的是正烟囱效应。

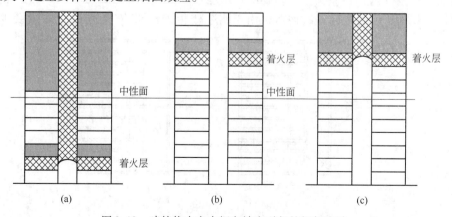

图 3-12　建筑物火灾中烟囱效应引起的烟气流动

3.6.3.4 中性面位置

对于建筑火灾情况，建筑物竖井内温度 T_s，往往高于室外空气温度 T_o。本节按一个竖井与外界连通的情况，讨论建筑火灾中正烟囱效应下中性面位置的确定方法。

A 具有连续开缝竖井的中性面位置

假设一竖井，从其顶部到底部有连续的宽度相同的开缝与外界连通，由正烟囱效应引起的该竖井内烟气的流动和压力分布见图 3-13。竖井与外界的压差由式 (3-33) 给出。中性面以下流过微元高度 dh 的质量流量 $dq_{m,\text{in}}$ 为：

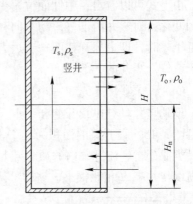

$$dq_{m,\text{in}} = \mu A' \sqrt{2\rho_0 \Delta p_{so}}\, dh = \mu A' \sqrt{2\rho_0 bh}\, dh \tag{3-38}$$

式中 A'——单位高度竖井的开缝面积，m^2；

ρ_0——竖井外界空气的密度，kg/m^3。

图 3-13 具有连续开缝竖井的烟囱效应

假设竖井内混合气体常数简化为空气气体常数，则 b 可用下式表达：

$$b = \frac{g p_{\text{atm}}}{R}\left(\frac{1}{T_o} - \frac{1}{T_s}\right) \tag{3-39}$$

式中 T_s——竖井内烟气和空气的混合气体的热力学温度，K；

T_o——竖井外界空气的热力学温度，K。

对上述方程在中性面 ($h=0$) 到竖井底部 ($h=-H_n$) 之间进行积分，可得：

$$q_{m,\text{in}} = \frac{2}{3}\mu A' H_n^{3/2} \sqrt{2\rho_0 b} \tag{3-40}$$

类似地，可以得到从竖井上部流出气体的质量流量：

$$q_{m,\text{out}} = \frac{2}{3}\mu A' (H - H_n)^{3/2} \sqrt{2\rho_s b} \tag{3-41}$$

式中 H——竖井的高度，m；

ρ_s——竖井内混合气体的密度，kg/m^3。

稳定状态下，流进与流出竖井气体的质量流量相等，因此可以得到中性面距竖井底部的高度 H_n 为：

$$\frac{H_n}{H} = \frac{1}{1 + \left(\dfrac{T_s}{T_o}\right)^{1/3}} \tag{3-42}$$

B 具有上下双开口竖井的中性面位置

设火灾建筑物有一竖井具有上下两个开口，其正烟囱效应如图 3-14 所示。为了简化分析，假设两个开口间的距离比开口本身的尺寸大得多，这样可忽略沿开口自身高度的压力变化。类似的分析步骤可得中性面距竖井底部的高度 H_n 为：

$$\frac{H_n}{H} = \frac{1}{1 + \left(\dfrac{T_s}{T_o}\right)\left(\dfrac{A_b}{A_a}\right)^2} \tag{3-43}$$

式中　A_b——竖井下部开口的面积，m^2；

　　　A_a——竖井上部开口的面积，m^2；

　　　其他符号的单位和意义同前。

由上式可以看出，中性面位置受开口面积影响较大，受温度影响相对较小。中性面位置的变化，对竖井内烟气流动方向和路径的影响非常显著，与人的生命安全密切相关。当接近于零时，即上部开口面积远远大于下部开口面积时，H_n接近于H，即中性面的位置接近于或位于竖井的上部。

C　具有连续开缝和一个上开口竖井的中性面位置

设某竖井具有连续开缝和一个上部开口，则井内由正烟囱效应所引起的流动及压力分布见图3-15。设开口的面积为A_v，其中心到地面的高度为H_v。开口位于中性面之下时也可做类似分析。流进井内的质量流量由式（3-40）给出。为了简化起见，认为开口的自身高度与井高H相比很小，这样可认为流体流过开口时的压力差不变。

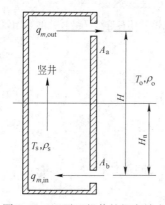

图3-14　双开口竖井的烟囱效应

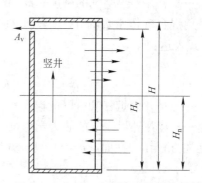

图3-15　具有一个上开口和连续开缝竖井的烟囱效应

流出竖井的质量是由连续开缝流出的质量与由开口流出的质量之和，即：

$$q_{m,\text{out}} = \frac{2}{3}\mu A'(H - H_n)^{3/2}\sqrt{2\rho_s b} + \mu A_v\sqrt{2\rho_s b(H_v - H_n)} \tag{3-44}$$

根据竖井内的质量连续方程，流出的质量应等于流入的质量，因此上式可写为：

$$q_{m,\text{out}} = \frac{2}{3}\mu A' H_n^{3/2}\sqrt{2\rho_0 b} \tag{3-45}$$

消去相同的项，并将理想气体定律关于密度和温度的关系带入，得：

$$\frac{2}{3}A'(H - H_n)^{3/2} + A_v\sqrt{H_v - H_n} = \frac{2}{3}A' H_n^{3/2}\left(\frac{T_s}{T_o}\right)^{1/2} \tag{3-46}$$

当$A_v = 0$时，此式便变成式（3-43）。当$A_v \neq 0$时，此式可重新整理为：

$$\frac{2}{3} \times \frac{A'(H - H_n)^{3/2}}{A_v H} + \frac{\sqrt{H_v - H_n}}{H} = \frac{2}{3} \times \frac{A' H_n^{3/2} T_s^{1/2}}{A_v H T_o^{1/2}} \tag{3-47}$$

对于开口比较大的情况，比值A'/A_v接近于零。而当接近于零时，式（3-47）中的第1项和第3项接近于零，于是得到$H_n = H_v$。这样中性面就位于上开口处。与式（3-43）一样，由式（3-47）决定的中性面位置受流动面积影响较大，而受温度影响较小。

无论开口在中性面上部还是下部，其位置将位于式（3-43）所给的无开口时的高度与

开口高度 H_v 之间。A'/A_v 的值越小，中性面的位置就越接近于 H_v。

D 中性面以上楼层内的烟气浓度

火灾烟气蔓延到建筑物的上部楼层后，其中气相中的有害污染物浓度也将发生变化。在某些需要考虑烟气控制的情况下，人们应对这些物质的影响有所认识。现结合中性面以上楼层讨论其估算方法。

尽管有害污染物的浓度在不断变化，可以认为，烟气的质量流量是稳定的。中性面位置可由前面讨论的方法确定，并设外界温度低于竖井内的温度（$T_o < T_s$），因为楼层之间没有缝隙，所以由竖井流进各层的质量流量等于从各层流到外界的质量流量，这一流率可表达为：

$$q_m = \mu A_e \sqrt{2\rho_s \Delta p} \qquad (3-48)$$

式中 q_m——质量流量，kg/s；

μ——流量系数，一般约为 0.65；

A_e——竖井与外界间的有效流动面积，m^2；

ρ_s——竖井内气体密度，kg/m^3；

Δp——竖井与外界的压差，Pa。

在流体温度不同的情况下：

$$A_e = \left(\frac{1}{A_s^2} + \frac{T_{fl}}{T_s A_a^2} \right)^{1/2} \qquad (3-49)$$

式中 A_e——竖井与外界的有效流动面积，m^2；

A_s——竖井与房间的有效流动面积，m^2；

A_a——房间与外界的有效流通面积，m^2；

T_{fl}——楼层内的温度，K；

T_s——竖井内的温度，K。

室内外压差由烟囱效应给出：

$$\Delta p = K_s \left(\frac{1}{T_a} - \frac{1}{T_s} \right) z \qquad (3-50)$$

式中 T_a——外界空气的温度，K；

T_s——竖井内气体的温度，K；

z——中性面以上的距离，m；

K_s——系数，当外界压力为标准大气压时，K_s 取值 3460。

在中性面以上的某一楼层中，污染物的质量守恒方程为：

$$\frac{dc_{fl}}{dt} = \frac{q_m}{V_{fl}\rho_{fl}}(C_s - C_{fl}) \qquad (3-51)$$

式中 C_{fl}——中性面以上某楼层内污染物浓度，kg/m^3；

C_s——竖井内污染物浓度，kg/m^3；

t——时间，s；

V_{fl}——该楼层容积，m^3；

ρ_{fl}——该楼层内的气体密度，kg/m^3。

此微分方程的解为：

$$C_{fl} = 1 - e^{-\lambda t} \tag{3-52}$$

其中：

$$\lambda = \frac{q_m}{V_{fl}\rho_{fl}} \tag{3-53}$$

浓度可用任意适当的量纲表示。现按图 3-16 所示的电梯竖井结构形式，讨论中性面以上任意楼层内有毒气体浓度的计算。

【例 3-1】　设电梯竖井内 CO 含量为 1%，外界空气温度 $T_a = -18℃$，竖井内气体温度 $T_s = 93℃$，某楼层在中性面以上的高度 $z = 18.3m$，该层内气体温度 $T_n = 21℃$，竖井与房间的开口面积 $A_s = 0.186m^2$，房间与外界之间的开口面积 $A_a = 0.279m^2$，该层容积 $V_{fl} = 561m^3$，求该楼层内的 CO 含量。

【解】　气体密度由理想气体状态方程计算，设 p 是大气压力（101325Pa），气体常数 $R = 287.05J/(kg·K)$，可得密度 $\rho_s = 0.964kg/m^3$，

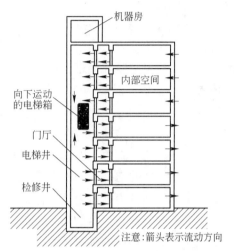

图 3-16　电梯向下运动引起的气体流动

机器房
内部空间
向下运动的电梯箱
门厅
电梯井
检修井
注意：箭头表示流动方向

$\rho_{fl} = 1.20kg/m^3$。根据串联出口的有效面积 $A_e = \left(\sum_{i=1}^{n} \frac{1}{A_i^2}\right)^{-1/2}$ 可算出：$A_e = 0.160m^2$，由式 (3-50) 可得 $\Delta p = 0.75Pa$，由式 (3-48) 可得 $q_m = 1.251kg/s$。由式 (3-53) 可得 $\lambda = 0.1831/s$。该楼层内 $\varphi(CO)$ 随时间的变化由式 (3-52) 计算，部分结果见表 3-3。

表 3-3　中性面以上第 5 层 CO 含量随时间变化的计算结果

时间/min	$\varphi(CO)$/%	$\varphi(CO)$（平均）/%	时间/min	$\varphi(CO)$/%	$\varphi(CO)$（平均）/%	时间/min	$\varphi(CO)$/%	$\varphi(CO)$（平均）/%
0	0	0	8	0.5851	0.5341	16	0.8279	0.8067
2	0.1974	0.0987	10	0.6670	0.6261	18	0.8618	0.8449
4	0.3559	0.2767	12	0.7328	0.6999	20	0.8891	0.8755
6	0.4830	0.4195	14	0.7855	0.7919			

通常认为，CO 含量约为 0.85% 时便可致人死亡。因此，在此算例中，该楼层内 CO 达到致死含量的时间约 19min。竖井中的 CO 含量值对估计人员致死时间有很大影响，图 3-17 给出了一些估计值，此处所用的参数值与上例相同。

3.6.3.5　着火房间烟气的流动

这里的烟气指的是火源区域附近由于燃烧刚生成的高温烟气，其密度比常温气体低得多，因而具有较大的浮力。在火灾充分发展阶段，着火房间室内外的压力分布如图 3-18 所示。

根据烟囱效应的原理，着火房间与外界环境的压差可写为：

$$\Delta p_{fo} = \frac{ghp_{atm}}{R}\left(\frac{1}{T_o} - \frac{1}{T_f}\right) \quad (3-54)$$

式中　Δp_{fo}——着火房间与外界的压差，Pa；

T_o——着火房间外空气的热力学温度，K；

T_f——着火房间烟气的热力学温度，K；

h——着火房间内中性面以上平面距地面的距离，m。

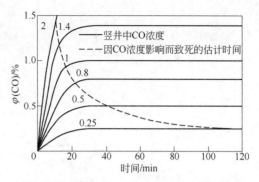

图 3-17　CO 含量及致死时间的计算结果

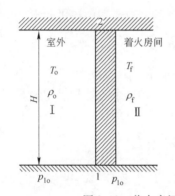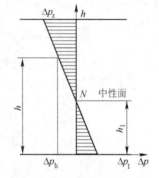

图 3-18　着火房间室内外压力分布

此方程适用于着火房间内温度恒定的情况。当外界压力为标准大气压时，该关系式可进一步写为：

$$\Delta p_{fo} = K_s h\left(\frac{1}{T_o} - \frac{1}{T_f}\right) = 3460 h\left(\frac{1}{T_o} - \frac{1}{T_f}\right) \quad (3-55)$$

相关学者进行了一系列的全尺寸室内火灾试验测定压力的变化。其研究结果表明，对于高度约为 3.5m 的着火房间，其顶部壁面内外的最大压差为 16Pa。当着火房间较高时，中性面以上的距离 h 也较大，则会产生较大的压差。

若着火房间只有一个小的墙壁开口与建筑物其他部分相连时，在着火房间内外气体的温差和门窗自身高度的影响下，中性面将出现在门窗空洞的某一高度上。热烟气将从开口的上半部流出，外界空气将从开口下半部流进。为了简化问题，下面以着火房间仅有一处窗开启的情况来分析。如图 3-19 所示，着火房间外墙有一开启的窗孔，其高度为 H_c，宽度为 B_c，室内外气体温度分别为 T_f、T_o，中性面 N 到窗孔上、下沿的垂直距离为 h_2、h_1，从 h 处向上取微元高度 dh，所构成的微元开口面积为 $dA = B_c dh$，根据式(3-56)，通过该微元面积向外排出的气体质量流量为：

$$dQ_{out} = \mu \sqrt{2\rho_i \Delta p_{f0}}\, dA = \mu B_c \sqrt{2\rho_i(\rho_o - \rho_i)gh}\, dh \quad (3-56)$$

$$Q_{out} = \frac{2}{3}\mu B_c \sqrt{2\rho_i(\rho_o - \rho_i)}\, h_2^{3/2} \quad (3-57)$$

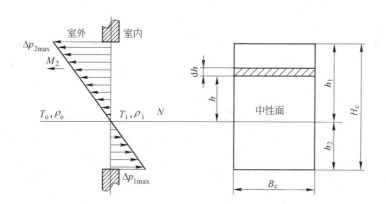

图 3-19   着火房间门窗洞口的压力分布

同理，可以得到从窗孔中性面至下缘之间的开口面积中流进的空气总质量流量为：

$$Q_{in} = \frac{2}{3}\mu B_c \sqrt{2\rho_o(\rho_o - \rho_i)} h_1^{3/2} \qquad (3-58)$$

式中 μ——窗孔的流量系数，可按薄壁孔口取值，$\mu = 0.6 \sim 0.7$。

假设着火房间除了开启的窗孔与大气相通外，其余各处密封均较好，根据质量守恒定律，在不考虑可燃物质质量损失速度的条件下，可近似认为 $Q_{out} = Q_{in}$ 则存在以下关系：

$$\frac{h_2}{h_1} = \left(\frac{\rho_o}{\rho_i}\right)^{1/3} = \left(\frac{T_i}{T_o}\right)^{1/3} \qquad (3-59)$$

由图 3-19 可见，开口处上下缘处的室内外压力差最大，其绝对值分别为上缘处：

$$|\Delta p_2| = (\rho_o - \rho_i)gh_2 \qquad (3-60)$$

下缘处：

$$|\Delta p_1| = (\rho_o - \rho_i)gh_1 \qquad (3-61)$$

将式(3-60)、式(3-61)分别代入式(3-57)及式(3-58)，可得：

$$Q_{out} = \frac{2}{3}\mu B_c h_2 \sqrt{2\rho_i|\Delta p_2|} \qquad (3-62)$$

$$Q_{in} = \frac{2}{3}\mu B_c h_1 \sqrt{2\rho_o|\Delta p_1|} \qquad (3-63)$$

如果着火房间有几个窗孔同时打开，而这些窗孔本身的高度及布置高度完全相同，那么，这些窗孔中性面距上下缘的垂直距离是相通的，在利用上述公式时，只要把 B_c 代以所有开启窗孔的宽度之和即可。如果窗孔本身的高度不同或布置高度不同，情况就比较复杂了。这时，首先确定中性面的位置，然后对各窗孔分别进行计算。通过开启的门洞的气流状况与开启窗孔的气流状况相似，上述计算公式对门洞的计算仍然适用。

【例3-2】   着火房间与走廊之间的门洞尺寸为 2.2m×0.9m，若着火房间烟气的平均温度为 800℃，走廊内空气温度为 30℃，当门敞开时，试求从着火房间流到走廊中的烟气量和由走廊流入房间中的空气量。

【解】   已知：$H_c = 2.2m$，$B_c = 0.9m$，$t_i = 800$，$t_o = 30$

因为：$\dfrac{h_2}{h_1} = \left(\dfrac{T_i}{T_o}\right)^{1/3} = \left(\dfrac{273 + 800}{273 + 30}\right)^{1/3} = 1.524$

所以：$h_2 = 1.524h_1$

$h_1 + h_2 = H_c$，$h_1 = 0.872\text{m}$，$h_2 = 1.328\text{m}$

$$\rho_i = \frac{353}{T_i} = \frac{353}{273 + 800} = 0.329\text{kg/m}^3$$

$$\rho_o = \frac{353}{T_o} = \frac{353}{273 + 30} = 1.165\text{kg/m}^3$$

取门洞流量系数 $\mu = 0.65$，则：

$$Q_{out} = \frac{2}{3}\mu B_c h_2 \sqrt{2\rho_i |\Delta p_2|} = 1.386\text{kg/s}$$

$$Q_{in} = \frac{2}{3}\mu B_c h_1 \sqrt{2\rho_o |\Delta p_1|} = 1.388\text{kg/s}$$

3.6.3.6 烟气在走廊中的流动

烟气在走廊或细长通道中流动时，顶棚附近流动的烟气有逐步下降的现象，见图3-20。这是由于烟气接触顶棚和墙面被冷却后逐渐失去浮力所致。失去浮力的烟气首先沿周壁开始下降，最后在走廊断面的中部留下一个圆形的空间，见图3-21。

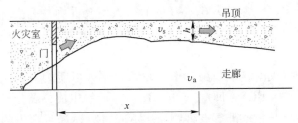

图3-20　烟气在走廊流动中的下降

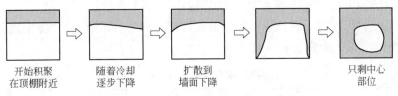

图3-21　烟气在走廊流动中的下降过程

从火灾扩散到走廊中的烟气流量可用式（3-64）进行计算。距火灾室门口一定距离 x 处走廊内烟气层厚度、烟气扩散流速和烟气温度可用下列公式计算。

$$t_s = (T_f - T_a)\exp(-ax) + T_a \tag{3-64}$$

$$h = \left(\frac{\zeta}{2g}\right)^{1/3}\left(\frac{Q_{out}}{B'}\right)^{2/3}\left(\frac{273 + T_a}{T_s - T_a}\right)^{1/3} \tag{3-65}$$

$$v = \frac{Q_{out}}{B'h} \tag{3-66}$$

式中　Q_{out}——烟气流量，m^3/s；

$\quad\quad h$——烟气层厚度，m；

$\quad\quad \zeta$——阻力系数，约30m长走廊 $\left(\dfrac{\zeta}{2g}\right)^{1/3} = 0.9$；

B'——走廊宽度，m；

T_a——走廊空气温度，℃；

v——烟气速度，m/s；

T_f——烟气初温，℃；

T_s——流出 x 距离后烟气温度，℃；

x——烟气流出距离，m；

a——常数，$a \approx 0.04$。

3.6.4　火灾烟气的危害

3.6.4.1　烟气的毒性

首先，火灾中由于燃烧消耗了大量的氧气，烟气中的含氧量降低。缺氧是烟气毒性的特殊情况。空气中正常含氧量为 21%，而建筑物发生火灾时，会消耗掉大量的氧气，氧含量缺少时，就会导致人员窒息。当氧气含量为 12%～15% 时，人就会呼吸急促、头痛、眩晕、浑身疲劳无力，动作迟钝；当氧气含量为 10%～12% 时，人就会出现恶心呕吐、无法行动乃至瘫痪；当氧气含量为 6%～8% 时，人便会昏倒并失去知觉；当氧气含量低于 6% 时，6～8min 的时间内，人就会死亡；当氧气含量为 2%～3% 时，人在 1min 内窒息死亡。

然而，在火灾中仅仅由含氧量减少造成危害是不大可能的，其危害往往伴随着 CO、CO_2 和其他有毒成分（如 HCN、NO_x、SO_2、H_2S 等）的生成，高分子材料燃烧时还会产生 HCl、HF、丙烯醛、异氰酸酯等有害物质。不同材料燃烧时产生的有害气体成分和浓度是不相同的，因而其烟气的毒性也不相同。评价材料烟气毒性大小的方法有：化学分析法、动物试验法和生理研究法。

利用化学分析法可以了解燃烧产物中的气体成分和浓度，研究温度对燃烧产物的生成及含量的影响，常用的分析方法见表3-4。

表3-4　烟气气体成分分析方法

方　　法	气　体　种　类	取样方法	备　　注
气相色谱	CO、CO_2、O_2、N_2、烃类	间断取样	使用 0.5nm 分子筛和 GDX104 柱
红外光谱（不分光型）	CO、CO_2	连续取样	专用仪器
傅里叶红外气体分析仪（FT-IR）	CO、CO_2、HCN、NO_x、SO_2、H_2S、HCl、HF、NH_3、CH_4 等十多种气体	连续取样	一次分析最短时间为 1s
比色法	HCN 丙烯醛	间断取样，水溶液吸收	限于低浓度
离子选择性电极法	卤素离子	间断取样，水溶液吸收	
电化学法	CO	连续取样	响应较慢
气体分析仪	CO、CO_2、HCN、NO_x、H_2S、HCl	间断取样	半定量

化学分析法虽然可分析气态燃烧产物的种类和含量，但不能解释毒性的生理作用，因

此还需进行动物试验和生理研究。

动物试验法就是通过观察生物对燃烧产物的综合反应来评价烟气的毒性。动物试验法可分为简单观察法和机械轮法等。美国国家航空航天局（NASA）研制了水平管式加热炉试验法，加热炉加热速度为40K/min，最高温度可达780～100K。在暴露室中放实验小鼠，暴露30min，测定小鼠停止活动时间和小鼠死亡时间。从这些实验数据可判断不同材料燃烧烟气的相对毒性（见表3-5）。

表 3-5　不同材料燃烧烟气的相对毒性（水平管式加热炉试验法）

材　料	死亡时间/min	停止活动时间/min	材　料	死亡时间/min	停止活动时间/min
变形聚丙烯腈纤维	4.5±1.00	3.74±0.23	棉	15.10±3.03	9.18±3.61
羊毛	7.64±2.90	5.45±1.77	PMMA	15.58±0.23	12.61±0.06
丝	8.94±0.01	5.84±0.12	尼龙-66	16.34±0.85	14.01±0.13
皮革	10.22±1.72	8.16±0.69	PVC	16.84±0.93	12.69±2.84
红栎木	11.50±0.71	9.09±10.0	酚醛树脂	18.81±4.84	12.92±3.22
聚丙烯	12.98±0.52	10.75±0.18	聚乙烯	19.84±0.29	8.86±0.80
聚氨酯(硬泡沫)	15.05±0.60	11.23±0.50	聚苯乙烯	26.13±0.12	19.04±0.39
ABS	14.48±1.59	10.58±1.32			

生理试验法就是对在火灾中中毒死亡者进行尸体解剖，了解死亡的直接原因，如血液中毒性气体的浓度、气管中的烟尘以及烧伤情况等。研究表明，在死者血液中，CO 和 HCN 是主要的毒性气体。在气管和肺组织中也检出了重金属成分，如铅、锑等以及吸入肺部的刺激物，如醛、HCl 等。

3.6.4.2　火灾烟气中能见度降低的危害

能见度指的是人们在一定环境下刚刚看到某个物体的最远距离，一般用米（m）为单位。能见度主要由烟气的浓度决定，同时还受到烟气的颜色、物体的亮度/背景的亮度及观察者对光线的敏感程度等因素的影响。当火灾发生时，烟气弥漫，由于烟气的减光作用，人们在有烟场合下的能见度必然有所下降，对火区人员的安全疏散造成严重影响。能见度 V（单位为 m）与减光系数 K_c（单位为 m^{-1}）的关系可表示为：

$$VK_c = R \qquad (3-67)$$

式中　R——比例系数，根据实验数据确定，它反映了特定场合下各种因素对能见度的综合影响。

大量火灾案例和实验结果表明，即便设置了事故照明和疏散标志，火灾烟气仍然导致人们辨认目标和疏散能力大大下降。图3-22给出了自发光物体能见度的一些实验结果。一般而言，对于疏散通道上的反光标志、疏散门等，在有反射光存在的场合下，$R = 2 \sim 4$；对自发光型标志、指示灯等，$R = 5 \sim 10$。

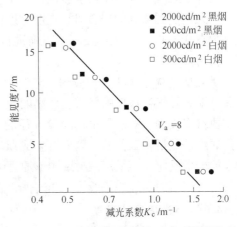

图 3-22　发光标志的能见度与减光系数的关系

　　然而，以上关于能见度的讨论并没考虑烟气对眼睛的刺激作用。刺激性烟气中能见度的经验公式为：

$$V = (0.133 - 1.471gK_c) \times R/K_c \quad （仅适用于 K_c \geqslant 0.25m^{-1}） \tag{3-68}$$

安全疏散所需的能见度和减光系数的关系见表3-6。

表 3-6　安全疏散所需的能见度和减光系数

疏散人员对建筑物的熟悉程度	减光系数/m^{-1}	能见度/m
不熟悉	0.15	13
熟悉	0.5	4

　　保证安全疏散的最小能见距离为极限视程，极限视程随人们对建筑物的熟悉程度不同而不同。对建筑熟悉者，极限视程约为5m；对建筑不熟悉者，其极限视程约为30m。为了保证安全疏散，火场能见度（对反光物体而言）必须达到5~30m，因此减光系数应不超过0.1~0.6m^{-1}。火灾发生时烟气的减光系数多为25~30m^{-1}，因此，为了确保安全疏散，应将烟气稀释50~300倍。

　　即使是在无刺激性的烟气中，能见度的降低也可以直接导致人员步行速度的下降。日本的一项实验研究表明，即使对建筑疏散路径相当熟悉的人，当烟气减光系数达到0.5m^{-1}时，其疏散也变得困难。刺激性的烟气中，步行速度会陡然降低，图3-23所示为刺激性与非刺激性烟气中人沿走廊行走速度的部分试验结果。

　　当减光系数为0.4m^{-1}时，通过刺激性烟气的表观速度仅是通过非刺激性烟气时的70%。当减光系数大于0.5m^{-1}时，通过刺激性烟气的表观速度降至约0.3m/s，相当于蒙上眼睛时的行走速度。行走速度下降是由于受试验者无法睁开眼睛，只能走"之"字形或沿墙壁一步一步地挪动。

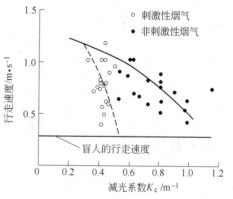

图 3-23　在刺激性与非刺激性烟气中人沿走廊行走的速度

　　火灾中烟气对人员生命安全的影响不仅仅是生理上的，还包括对人员心理方面的副作用。当人们受到浓烟的侵袭时，在能见度极低的情况下，极易产生恐惧与惊慌，尤其当减光系数在0.1m^{-1}时，人们便不能正确进行疏散决策，甚至会失去理智而采取不顾一切的异常行为。

　　研究烟气减光性的另一应用背景是火灾探测。大量研究表明，K_c与颗粒大小的分布有关。随着烟气存在期的增长，较小的颗粒会聚结成较大的集合颗粒，因而单位体积内的颗粒数目将减少，K_c随着平均颗粒直径的增大而减少。离子型火灾探测器是根据单位体积内的颗粒数目来工作的，因而对生成期较短的烟气反应较好。它可以对直径小于10nm的颗粒产生反应。而采用散射或阴影原理的光学装置只能测定颗粒直径的量级与仪器所用光的波长相当的烟气，一般为100nm，它们对小颗粒反应不敏感。

3.6.4.3　烟气的温度

　　试验表明，在空气温度高达100℃的特殊条件下，一般人只能忍受几分钟；很多人无法呼吸温度高于65℃的空气。对于健康的着装成年男子，其极限忍受时间与温度的关系式可为：

$$t = 4.1 \times 10^8 / [(T - B_2)/B_1]^{3.61} \qquad (3\text{-}69)$$

式中　　t——极限忍受时间，min；

　　　　T——空气温度，℃；

　　　　B_1——常数，取1.0；

　　　　B_2——另一常数，取0。

此式并未考虑空气湿度的影响，当湿度增大时人的极限忍受时间降低。因为水蒸气是燃烧产物之一，火灾烟气的湿度显然较大。

衣服的透气性和隔热性对于忍受温度升高也有重要影响。进行火灾危险分析时，一般推荐短时间人的脸部暴露的安全温度极限范围为65～100℃。

复习思考题

3-1　按可燃物初始状态不同，火灾可以分为哪几类？

3-2　简述建筑火灾发展的基本过程及各阶段特点。

3-3　简述火灾通风口流动中通风因子的概念，以及按通风状态不同划分火灾的方法。

3-4　什么是火羽流，火羽流分哪些类型？

3-5　什么是轰燃，轰燃发生的临界条件是什么？

3-6　什么是回燃，如何防止回燃的发生？

3-7　什么是氧指数？

3-8　阐述建筑室内外热压，推导中性层高度，论述烟囱效应，阐述在正、反热压作用下火灾分别起始于中性层上方及下方时火灾烟气垂直蔓延的规律。

4 爆 炸 基 础

4.1 爆 炸 概 述

4.1.1 爆炸的定义

物质从一种状态经物理或化学变化突变为另一种状态，伴随着巨大的能量快速释放，产生声、光、热或机械功等，使爆炸点周围介质中的压力发生骤增的过程称为爆炸现象。国防和工程建设领域利用爆炸能量造福人类的活动属人为受控爆炸；在生产活动中，违背人们意愿造成巨大国家财产损失和人员伤亡的爆炸称为事故性爆炸，如矿井瓦斯爆炸、粮食粉尘爆炸、锅炉及压力容器爆炸等。

4.1.2 爆炸的分类

大多数情况下，爆炸按照造成爆炸的物质所具有的物理状态可分为气相爆炸与凝聚相爆炸两类。这里，凝聚相是固相与液相的总称。因为凝聚相比气相的密度大 $10^2 \sim 10^3$ 倍，所以凝聚相爆炸与气相爆炸在状态上常有很大的差别。

但是通常按爆炸的过程，又可以将其分为核爆炸（因原子核的分裂及聚合所放出来的强大能量所致）、物理爆炸（以物理变化为主的爆炸，如高压容器的破裂、减压时引起的槽罐破损及蒸汽的爆炸等）、化学爆炸（与化学反应有关的爆炸，如爆燃、聚合、分解及反应迅猛等引起的爆炸）以及物理及化学作用综合在一起的爆炸。在研究防火防爆技术中，通常只涉及物理性爆炸和化学性爆炸，故对核爆炸不做讨论。

4.1.2.1 物理性爆炸

物理性爆炸就是物质因状态、压力、体积发生突变，物理能量瞬间释放转化为机械功，是一个物理过程，爆炸前后爆炸物的化学成分没有改变，但物态发生改变。物理性爆炸主要包括两种：

（1）受压容器爆炸。其指锅炉、压力容器、压力管道及气瓶内部有高压气体、溶解气体或液化气体的密封容器损坏，致使容器内高压介质泄压、体积膨胀做功引起的爆炸。

（2）水蒸气爆炸。其指高温熔融金属或盐等高温物体与水接触，使水急剧沸腾、瞬间产生大量蒸汽膨胀做功引起的爆炸。

4.1.2.2 化学性爆炸

化学性爆炸是因物质本身发生剧烈的化学反应，反应速度极快，产生大量气体，物质的化学能瞬间转化为大量热量，因而产生高温高压，瞬间产生的高温高压气体急剧膨胀做功，是一个化学过程，爆炸前后爆炸物的化学成分发生了改变，生成新的物质。

化学性爆炸按爆炸时所发生的化学变化的形式不同可分三类：

（1）简单分解爆炸。引起简单分解爆炸的爆炸物，在爆炸时并不一定发生燃烧反应。爆炸能量是由爆炸物本身分解时产生的。属于这一类的物质有：叠氮类化合物，如叠氮化铅、叠氮化银、叠氮氯；乙炔类化合物，如乙炔铜、乙炔银等。这类物质是非常危险的，受轻微震动即能起爆，如叠氮化铅、乙炔银的分解反应式如下：

$$PbN_6 \longrightarrow Pb + 3N_2$$

$$Ag_2C_2 \longrightarrow 2Ag + 2C$$

这些物质分解爆炸时可产生 5300m/s 的冲击速度，造成极大的破坏力。

（2）复杂分解爆炸。这类爆炸物质在爆炸时伴有燃烧现象，燃烧所需的氧由其自身供应。这类物质的危险性比简单分解爆炸略低，如硝化甘油炸药的爆炸反应：

$$C_3H_5(ONO_2)_3 \xrightarrow{引爆} 3CO_2 + 2.5H_2O + 1.5N_2 + 0.25O_2$$

硝化甘油炸药爆炸冲击速度可达 8625m/s，造成巨大的破坏力。

（3）爆炸性混合物的爆炸。所有可燃气体、蒸汽及粉尘与空气预先均匀混合，且可燃物的浓度在爆炸极限浓度之内，形成爆炸性混合物，遇到有足够点火能量的点火源，与爆炸性混合物作用发生的爆炸均属于此类。其危险性较前两类低，但极普遍，造成危害性也较大，在工矿企业遇到的主要是这类爆炸事故。

按照爆炸的瞬时燃烧速度的不同，爆炸可分为爆燃和爆轰：

（1）爆燃。物质爆炸时的燃烧速度为每秒十几米至数百米，爆炸时能在爆炸点引起压力激增，有较大的破坏力，有震耳的声响。可燃气体混合物在多数情况下的爆炸、被压实的火药遇火源引起的爆炸等即属于此类。

（2）爆轰。物质爆炸时的燃烧速度为每秒千米以上。爆轰的特点是突然引起极高压力并产生超声速的"冲击波"。由于在极短时间内产生的燃烧产物急速膨胀，像活塞一样挤压其周围气体，反应所产生的能量有一部分传给被压缩的气体层，于是形成的冲击波由它本身的能量所支持。

4.1.3 爆炸发生的条件

4.1.3.1 物理爆炸发生条件

物理爆炸是一种因体系中物理能量失控而导致物质以极快的速度释放能量，转变为光、热、机械功等能量形式的爆炸现象。从锅炉爆炸、压力容器爆炸等常见物理爆炸角度看，物理爆炸发生条件可归结为：爆炸体系内存有高压气体或在爆炸瞬间生成高温高压气体或蒸气急骤膨胀，以及爆炸体系与周围介质之间发生急剧的压力突变。

4.1.3.2 化学爆炸发生条件

从爆炸反应特征看，化学反应要成为爆炸反应必须同时具备反应过程放热性、反应过程高速度和反应过程产生大量气体产物等三个条件。

（1）反应过程放热性。这是化学反应能否成为爆炸反应最重要的前提条件，否则，爆炸反应过程就不会发生和自行传播。以不同条件下硝酸铵分解反应为例，反应式如下：

$$NH_4NO_3 \xrightarrow{低温加热} NH_3 + HNO_3 \qquad \Delta H^{\ominus} = 170.7kJ/mol$$

$$NH_4NO_3 \xrightarrow{雷管引爆} N_2 + 2H_2O + 0.5O_2 \qquad \Delta H^{\ominus} = -126.4kJ/mol$$

从以上两个反应式可以看出，硝酸铵在低温加热条件下，只会发生缓慢吸热分解反应，根本不会发生爆炸；但在雷管引爆条件下，则会发生快速放热分解反应和猛烈爆炸。爆炸所释放出的定容反应热称为爆热，这是爆炸性物质爆炸破坏力的重要标志。常用炸药的爆热约为 $3700 \sim 7500$ kJ/kg，混合物的爆热就是燃烧热，一般有机物的燃烧热在 4.8×10^4 kJ/kg 左右。

（2）反应过程高速度。一般化学反应也可以放出热量，甚至许多化学反应的放热量远大于爆炸性物质爆炸过程释放出的热量，但这些放热化学反应却并未成为爆炸反应，根本原因在于反应过程缓慢。例如，1t 木材完全燃烧约需要 10min，放热量约为 16700kJ，而 1kg TNT 炸药完全爆炸所释放出的热量仅为 4200kJ，但爆炸过程只需要几十微秒。正是由于爆炸反应过程极短，速度极快，导致反应热来不及逸出而全部聚集在爆炸物原有体积之内，从而造成一般化学反应无法达到的极高能量密度，产生巨大的功率和强烈的破坏力。

（3）反应过程产生大量气体。在常温常压下，气体的密度远小于固体和液体，而体积膨胀系数却比固体和液体大得多。爆炸性物质在爆炸瞬间除释放出大量反应热外，还伴随有大量气体产物的产生。由于爆炸过程极快，这些爆炸产物气体来不及扩散膨胀而被压缩在爆炸物原有体积之内，在爆炸反应热快速加热作用下形成了高温高压气体产物。这些气体瞬间膨胀，功率巨大，破坏力极强。爆炸反应这一必要条件可以用铝热剂反应来说明，反应式如下：

$$8Al + 3Fe_3O_4 \Longrightarrow 4Al_2O_3 + 9Fe \qquad \Delta H^{\ominus} = -3168 kJ/mol$$

从上述反应可以看出，铝热剂反应热效应很大，而且反应速度也相当快，通常，其反应热效应足以将反应产物加热到 2500℃ 左右的高温，但铝热剂并不具备爆炸作用，只是一种高热燃烧剂，根本原因是反应过程不能产生气体产物。

4.1.4　爆炸的特点及破坏作用

4.1.4.1　爆炸事故的特点

爆炸事故通常具有以下几个特点：

（1）严重性。爆炸事故对所在单位的破坏往往是毁灭性的，会造成人员和财产诸方面的重大损失。例如，某亚麻厂的粉尘爆炸事故，死亡 57 人，伤 178 人，13000 m^2 的建筑物被炸毁，3 个车间变成了废墟。爆炸事故不仅造成巨大损失，而且往往迫使工矿企业停产，需要较长的时间才能恢复。

（2）复杂性。爆炸事故发生的原因、灾害范围及后果各异，相差悬殊。例如，发生爆炸事故的条件之一的点火源，就有机械点火源、热点火源、电点火源、化学点火源之分，而每种点火源又可分为若干种情况；至于可燃物质，就更是种类繁多，包括各种可燃的气体、液体和固体，特别是化工企业的原材料，化学反应的中间产物和最终产品，大多属于可燃物质。

（3）突发性。爆炸事故发生的时间和地点常常难以预料，往往是在人们意想不到的时候突然发生的。虽然存在事故征兆，但一方面是由于目前对于爆炸事故的监测、报警等手段的可靠性、实用性和广泛应用等尚不太理想，另一方面又因为至今还有相当多的人员（包括操作人员和生产管理人员）对爆炸事故的规律及其征兆了解和掌握得很不够，所以事故就会突然发生，一旦发生则又措手不及。

4.1.4.2 各类爆炸的破坏作用

A 凝聚相含能材料的爆炸

凝聚相含能材料的爆炸特点是高能量密度，爆炸破坏的主要形式是空气冲击波，所产生的空气冲击波初始压力为 50MPa，其破坏作用范围可达 50 倍对比距离以上。对比距离定义为离爆心距离与炸药量的三次方根的比值，即：

$$\overline{R} = \frac{R}{\sqrt[3]{m}}$$

1kg 梯恩梯（TNT）的破坏作用距离可达 50m 量级，1t 梯恩梯（TNT）的破坏作用距离可达 500m 量级。

炸药爆炸破坏的另一种形式为破片飞散破坏作用。一般有包装的炸药爆炸时，可以产生强烈的破片杀伤作用，军用战斗部爆炸就是基于这个原理，但破片的作用范围远小于空气冲击波的作用范围。破片飞散破坏效应也包括冲击波远距离作用产生的二次破片效应，例如，玻璃破碎引起的伤害效应，或者冲击波使建筑物塌陷所引起的破片破坏效应。爆炸破坏最强烈，但破坏范围最小的是爆炸直接作用区，这是由于爆炸产物的超高压破坏作用，这种作用距离大约只有装药半径的 5～10 倍。

B 密闭容器中可燃气体或蒸气、可燃粉尘与空气或氧气混合物的爆炸

无论从爆炸的行为，还是从爆炸破坏效应来说，可燃气体和粉尘均要超过凝聚相含能材料。在工业上，它们所引起的事故频度远远超过由凝聚相含能材料引起的事故频度。欧盟保险公司对欧盟国家近十年的工业爆炸事故进行了统计分析，结果表明整个欧盟国家平均每一个工作日即发生一起气体或粉尘爆炸事故。我国正处于工业化进程加速阶段，近 30 年来，国内发生多起爆炸事故，造成重大人员伤亡和财产损失。

气体和粉尘爆炸是一种非点源爆炸，与凝聚相炸药爆炸有很大的区别，这类爆炸的强度取决于环境条件。例如，密闭容器中气体爆炸和敞开蒸气云爆炸可以有完全不同的爆炸形式和破坏作用。常见的碳氢化合物和空气混合后点火，敞开层流燃烧速率仅有 0.5m/s，但在密闭容器中的混合物火焰速度能达到每秒几米至几十米，容器内压力最终能达到 0.7～0.8MPa。在最危险的条件下，密闭容器中的混合物还能从燃烧转为爆轰，其爆轰速度可达 2～3km/s，压力可达到 1～2MPa，产生极严重的破坏作用。在有些情况下，这种非理想爆炸可以经历燃烧、爆燃到爆轰的全过程，火焰速度和爆炸压力等参数可以跨越 4～6 个数量级。

C 无约束气云爆炸

大量可燃气体或细小液滴与大气中的空气混合达到爆炸极限浓度范围时，遇到点火源即可发生爆炸。此时一般产生一个火球并向外扩展，但在有些情况下也可以形成破坏性的爆炸波，这取决于局部湍流和漩涡，使火焰之间相互作用，造成很高的体积燃烧速率，甚至转为爆轰。强冲击波点火能使蒸气云的爆燃转爆轰，用高能炸药也可以直接激起气云的爆轰，军事上就是利用这种原理，制成"燃料空气炸弹"的。将液体燃料装在弹体内，先用高能抛撒炸药将燃料抛撒到空气中，形成燃料液滴空气云团，然后，再用强起爆源起爆，使分散在空气中的气云爆轰，产生比高能炸药更大面积的杀伤，其爆炸可达到 5～8

倍质量的 TNT 炸药爆炸效果。

无约束气云可以扩散到很大范围，因此是极其危险的。由于泄漏物进入开放的空间，遇到合适的气象条件，就能产生大面积的气云。例如英格兰的弗离克斯堡洛夫附近的一个化工厂就发生了一起大规模的无约束气云爆炸事故。由于一段直径为 0.5m 的临时连接管道断裂，引起压力为 850kPa 和温度为 155℃ 的约 45t 环己烷泄漏，泄出的燃料急剧蒸发，形成大范围的可燃气云笼罩在厂区，被距离泄漏点相当远的氢气工厂的燃烧炉引燃。开始火焰比较平稳，接着火焰加速，最终发生爆炸，产生的冲击波对 1.6km 范围以外的工厂和附近民房造成巨大破坏，事故使 28 人死亡，198 人受重伤，直接经济损失约 8 千万英镑。

D　压力容器物理性爆炸

装有惰性气体的压力容器爆炸是一种物理性爆炸，即将高压气体的潜能转化为动能，对周围介质起破坏作用。高压容器爆裂的主要原因是容器结构上的缺陷、机械撞击、疲劳断裂、表面腐蚀或外部火源加热等。这种爆炸产生的破片具有相当大的危险性。

锅炉内部压力上升到超过其强度极限时，就会爆裂。这种压力升高可能由锅炉内燃烧爆炸引起，也可能是由于锅炉内大直径管或管头爆裂，使大量蒸气喷出而引起的。在后一种情况下，蒸气以很快速度进入锅炉中，以至于正常的开阀放气也不足以排除压力的升高。这类事故尽管对锅炉的破坏很严重，但对周围的破坏较小。

4.2　爆炸极限理论及计算

4.2.1　爆炸极限理论

可燃气体、可燃蒸气或可燃粉尘与空气构成的混合物，并不是在任何混合比例之下都有着火和爆炸的危险，而必须是在一定的比例范围内混合才能发生燃爆。混合的比例不同，其爆炸的危险程度也不同。例如，由一氧化碳与空气构成的混合物在火源作用下的燃爆实验情况见表 4-1。

表 4-1　一氧化碳与空气混合在火源作用下的燃爆情况

CO 在混合气中所占体积/%	燃烧情况	CO 在混合气中所占体积/%	燃烧情况
<12.5	不燃不爆	>30 ~ <80	燃爆逐渐减弱
12.5	轻度燃爆	80	轻度燃爆
>12.5 ~ <30	燃爆逐渐加强	>80	不燃不爆
30	燃爆最强烈		

表 4-1 所列的混合比例及其相对应的燃爆情况，清楚地说明了可燃性混合物有一个发生燃烧和爆炸的含量范围，亦即有一个最低含量和最高含量，混合物中的可燃物只有在这两个含量之间，才会有燃爆危险。

可燃物质（可燃气体、蒸气和粉尘）与空气（或氧气）必须在一定的含量范围内均匀混合，形成预混气，遇着火源才会发生爆炸，这个含量范围称为爆炸极限（或爆炸含量极限）。可燃物质的爆炸极限受诸多因素的影响。例如：可燃气体的爆炸极限受温度、压力、氧含量、能量等影响；可燃粉尘的爆炸极限受分散度、湿度、温度和惰性粉尘等影响。可燃气体和蒸气爆炸极限的单位，是以其在混合物中所占体积的百分比来表示的。如上面所列一氧化碳与空气混合物的爆炸极限为 12.5% ~ 80%。可燃粉尘的爆炸极限是以其在单位体积混合物中的质量数（g/m^3）来表示的，例如铝粉的爆炸极限为 $40g/m^3$。

可燃性混合物能够发生爆炸的最低含量和最高含量，分别称为爆炸下限和爆炸上限，如上述的 12.5% 和 80%。这两者有时也称为着火下限和着火上限。在低于爆炸下限和高于爆炸上限含量时，既不爆炸，也不着火。可燃性混合物的爆炸极限范围越宽，其爆炸危险性越大，这是因为爆炸极限越宽，则出现爆炸条件的机会就越多。

4.2.2 爆炸极限的影响因素

不同的可燃气体和可燃液体蒸气，由于它们的理化性质的不同，因而具有不同的爆炸极限。一种可燃气体或可燃液体蒸气的爆炸极限，也不是固定不变的，它们受温度、压力、氧含量、惰性介质、容器的直径等因素的影响。

4.2.2.1 温度的影响

混合气体的原始温度越高，则爆炸下限越低，上限越高，爆炸极限范围扩大，爆炸危险性增加。例如，丙酮的爆炸极限受温度影响的情况见表 4-2 所列。

表 4-2 丙酮的爆炸极限受温度的影响

混合物温度/℃	爆炸下限(体积分数)/%	爆炸上限(体积分数)/%
0	4.2	8.0
50	4.0	9.8
100	3.2	10.0

混合物温度升高使其分子内能增加，引起燃烧速度加快，而且由于分子内能的增加和燃烧速度的加快，使原来含有过量空气（低于爆炸下限）或可燃物（高于爆炸上限）而不能使火焰蔓延的混合物含量变为可以使火焰蔓延的含量，从而改变了爆炸极限范围。

4.2.2.2 氧含量的影响

混合物中含氧量增加，爆炸极限范围扩大，尤其是爆炸上限提高得更多。可燃气体在空气和纯氧中的爆炸极限范围比较见表 4-3。

表 4-3 几种可燃气体在空气和纯氧中的爆炸极限范围 　　　（%）

物质名称	在空气中的爆炸极限	范 围	在纯氧中的爆炸极限	范 围
甲烷	4.9 ~ 15	10.1	5 ~ 61	56.0
丙烷	2.1 ~ 9.5	7.4	2.3 ~ 55	52.7
丁烷	1.5 ~ 8.5	7.0	1.8 ~ 49	47.8
乙烯	2.75 ~ 34	31.25	3 ~ 80	77.0
乙炔	1.53 ~ 34	79.7	2.8 ~ 93	90.2
氢气	4 ~ 75	71.0	4 ~ 95	91.0

4.2.2.3 惰性介质的影响

如果在爆炸混合物中掺入不燃烧的惰性气体（如氮、二氧化碳、水蒸气、氩、氦等），随着惰性气体所占体积分数的增加，爆炸极限范围则缩小，惰性气体的含量提高到某一数值，可使混合物不能爆炸。一般情况下，惰性气体对混合物爆炸上限的影响较之对下限的影响更为显著。因为惰性气体含量加大，表示氧的含量相对减小，而在上限中氧的含量本来已经很小，故惰性气体含量稍为增加一点即产生很大影响，而使爆炸上限显著下降。

4.2.2.4 初始压力的影响

混合物的初始压力对爆炸极限有很大影响，压力增大，爆炸极限范围也扩大，尤其是爆炸上限显著提高。这可以从甲烷在不同初始压力时的爆炸极限明显地看出（见表4-4）。

表4-4 甲烷在不同初始压力时的爆炸极限

初始压力/MPa	爆炸下限(体积分数)/%	爆炸上限(体积分数)/%
0.1	5.6	14.3
1	5.9	17.2
5	5.4	29.4
12.5	5.7	45.7

4.2.3 混合气体爆炸极限计算

4.2.3.1 多种可燃气体组成混合物的爆炸极限计算

由多种可燃气体组成爆炸性混合气体的爆炸极限，可根据各组分的爆炸极限进行计算。其计算公式如下：

$$L_m = \frac{100}{\dfrac{\varphi_1}{L_1} + \dfrac{\varphi_2}{L_2} + \dfrac{\varphi_3}{L_3} + \cdots} \tag{4-1}$$

式中　　　L_m——爆炸性混合气的爆炸极限，%；

L_1，L_2，L_3——组成混合气各组分的爆炸极限，%；

φ_1，φ_2，φ_3——各组分在混合气中的浓度（体积分数），%，$\varphi_1 + \varphi_2 + \varphi_3 + \cdots = 100\%$。

例如，某种天然气的组成（体积分数）如下：甲烷80%，乙烷15%，丙烷4%，丁烷1%。各组分的爆炸下限分别为5%、3.22%、2.37%和1.86%，则该天然气的爆炸下限为：

$$L_x = \frac{100}{\dfrac{80}{5} + \dfrac{15}{3.22} + \dfrac{4}{2.37} + \dfrac{1}{1.86}} = 4.37\%$$

将各组分的爆炸上限代入式(4-1)，可求出天然气的爆炸上限。

式(4-1)用于煤气、水煤气、天然气等混合气爆炸极限的计算比较准确，而对于氢与乙烯、氢与硫化氢、甲烷与硫化氢等混合气及一些含二硫化碳的混合气体，计算的误差较大。

4.2.3.2 含有惰性气体的多种可燃气混合物爆炸极限计算

如果爆炸性混合物中含有惰性气体，如氮、二氧化碳等，计算爆炸极限时，可先求出混合物中由可燃气体和惰性气体分别组成的混合比，再从相应的比例图（见图4-1和图4-2）中查出它们的爆炸极限，然后将各组的爆炸极限分别代入式(4-1)即可。

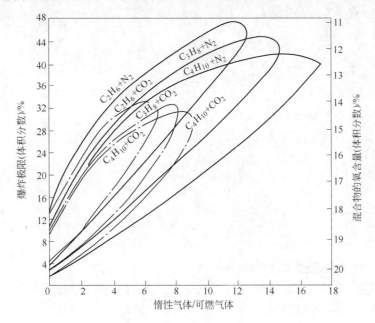

图4-1　乙烷、丙烷、丁烷和氮、二氧化碳混合气爆炸极限

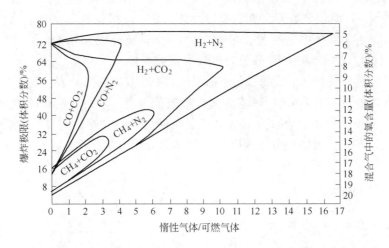

图4-2　氢、一氧化碳和氮、二氧化碳混合气爆炸极限

4.2.3.3　计算举例

【例4-1】　求某回收煤气的爆炸极限，其组成为：CO 58%，CO_2 19.4%，N_2 20.7%，O_2 0.4%，H_2 1.5%。

【解】　将煤气中的可燃气体和阻燃性气体组合为两组。

（1）CO 及 CO_2，即：
$$58\%(CO) + 19.4\%(CO_2) = 77.4\%(CO + CO_2)$$

其中
$$\frac{\varphi(CO_2)}{\varphi(CO)} = \frac{19.4}{58} = 0.33$$

从表 4-6 中查得 $L_s = 70\%$，$L_x = 17\%$。

（2） N_2 及 H_2，即：

$$1.5\%(H_2) + 20.7\%(N_2) = 22.2\%(H_2 + N_2)$$

其中
$$\frac{\varphi(N_2)}{\varphi(H_2)} = \frac{20.7}{1.5} = 13.8$$

从图 4-1 中查得 $L_s = 76\%$，$L_x = 64\%$。

将以上爆炸上限和下限代入式(4-1)，即可求得煤气的爆炸极限：

$$L_s = \frac{100}{\dfrac{77.4}{70} + \dfrac{22.2}{76}} = 71.5\%$$

$$L_x = \frac{100}{\dfrac{77.4}{17} + \dfrac{22.2}{76}} = 20.3\%$$

答：该煤气的爆炸极限为 $20.3\% \sim 71.5\%$。

由可燃气体、惰性气体和空气（或氧气）组成混合物的爆炸浓度范围也可用三角坐标图表示。图 4-3 所示为可燃气体 A、助燃气体 B 和惰性气体 C 组成的三角坐标图，在图内任何一点，表示三种成分的不同百分比。其读法是在点上作三条平行线，分别与三角形的三条边平行，根据每条平行线与相应边的交点，可读出其浓度。例如，图 4-3 中 m 点表示可燃气体（A）体积分数为 50%，助燃气体（B）体积分数为 20%，惰性气体（C）体积分数为 30%；图 4-3 中 n 点表示可燃气体（A）体积分数为 30%，助燃气体（B）体积分数为 0，惰性气体（C）体积分数为 70%。依此类推。

图 4-4 是由氨、氧和氮组成的三角坐标图，图中曲线内的部分表示氨气在氨-氧-氮三元体系中的爆炸极限。图 4-4 中，A 点在爆炸极限范围内，其组成的氧体积分数为 40%，氨体积分数为 50%，氮体积分数为 10%；B 点在爆炸极限之外，不会发生爆炸，其组成的氨体积分数为 30%，氮体积分数为 70%，氧体积分数为 0。

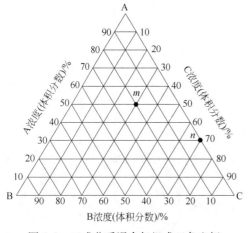

图 4-3　三成分系混合气组成三角坐标

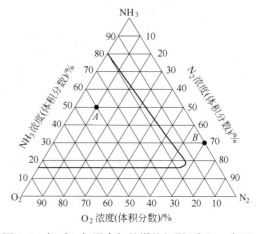

图 4-4　氨-氧-氮混合气的爆炸极限（常温、常压）

4.3 可燃气体爆炸

4.3.1 概述

凡在常温常压下以气态存在，与助燃气体结合，经冲击、摩擦、热源和火花等点火源作用，能发生燃烧、爆炸的气态物质统称为可燃性气体。

4.3.1.1 可燃气体种类与成分

可燃气体种类包括：

（1）常态（常温常压下）时的可燃气体。这种气体如 H_2、C_4 以下的有机气体。

（2）压缩可燃气体。为了装载、运输、使用方便而压缩体积，经施加压力或降低温度后气体中分子间距离大大缩小，如天然气、煤气等。

（3）液化气体。对压缩气体继续降温加压，使其变成液化状态，如液化石油气、液氨、液化丙烷、液化丁烷等。

（4）溶解气体。有些气体在常温常压下极不稳定，需要溶解在溶剂中，如乙炔溶解在丙酮中，并储存于钢瓶中。

4.3.1.2 可燃气体爆炸类型

可燃气体爆炸包括可燃气体混合物爆炸和单一气体分解爆炸；可燃和易燃液体爆炸，由于爆炸前首先要气化形成可燃性气体（蒸气），然后与空气混合点燃后爆炸，也可归属于可燃气体爆炸。

资料统计表明，可燃气体（包括可燃液气蒸气）混合爆炸是各类事故爆炸中发生最多的一类，在石油、化工、煤矿等行业所发生的爆炸事故中，绝大多数属于这一类型。近20年来，我国煤炭系统已发生几百次瓦斯爆炸，伤亡人数已近万人。据欧共体保险业统计，在欧洲平均每一工作日即发生一起可燃气体混合物的事故爆炸，因此，可燃气体（包括可燃液体蒸气）混合物的事故爆炸已成为工业生产安全的一个重要方面，越来越引起世界各国的重视。

4.3.2 可燃气体爆炸特性参数及其测定方法

4.3.2.1 爆炸极限

根据《空气中可燃气体爆炸极限测定方法》（GB/T 12474—2008）的规定，在常温常压下，可燃气体/空气混合物爆炸极限实验测试装置如图 4-5 所示。其中，玻璃反应管长（1400±50）mm，内径 ϕ（60±5）mm，管底装有通径不小于 ϕ25mm 的泄底阀，安放在可升温至 50℃ 的恒温箱内，电火花点火能量大于混合物最小点燃能量，放电电极位于管横截面中心，距反应管底部不小于 100mm，电极间距为 3~4mm。

实验测试时，先检查装置密闭性，装置抽真空度至不大于 667Pa，停泵后 5min，压力计下降不大于 267Pa，然后按分压法配制混合气体。为使反应管内可燃气体与空气混

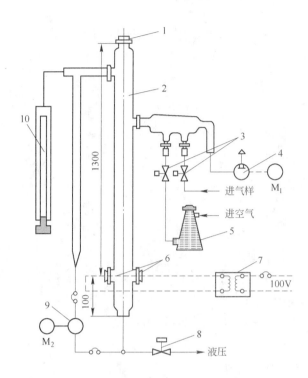

图 4-5 可燃气体/空气爆炸极限测试装置
1—安全塞；2—反应管；3—电磁阀；4—真空泵；5—干燥瓶；6—火花放电电极；7—电压互感器；
8—液压电磁阀；9—搅拌泵；10—压力计；M_1，M_2—电动机

合均匀，采用无油搅拌泵对已配好的混合气搅拌 5～10min，停止搅拌后打开反应管底部泄压阀开始点火，观察火焰能否传至管顶。在相同试验条件下重复三次试验，如果火焰均未传至管顶，则改变进样量进行下一个浓度测试。在测试爆炸下限时，试验样品每次增加量不大于10%，而爆炸上限测试时则要求样品每次减少量不大于2%。通过试验找出可燃气体在最接近火焰传播与不传播时的两个体积分数，取其平均值即为爆炸极限。

$$L = (L_1 + L_2)/2 \tag{4-2}$$

式中　L——爆炸极限；

　L_1，L_2——火焰传播与不传播所对应的体积分数。

部分可燃气体在空气中的爆炸极限测试数据列于表 4-5。

表 4-5 部分可燃气体/空气混合物爆炸极限值

可燃气体	分子式	化学计量浓度/%	LEL/%	UEL/%
甲烷	CH_4	9.5	5.00	14.0
乙烷	C_2H_6	5.6	3.00	12.5
丙烷	C_3H_8	4.0	2.10	9.5
丁烷	C_4H_{10}	3.1	1.808.5	

4.3.2.2　最小点火能量

根据 ASIME582—88《可燃气体混合物最小点燃能量和熄火间距标准测试方法》的规定，可燃气体/空气混合物最小点火能量实验测试装置如图 4-6 所示。位于容器中央的放电电极由不锈钢圆盘制成，可移动电极与螺旋测微计相连，电极间距由测微计测定。可燃气体由高压静电火花点燃，并通过调节电极间距找出可燃气体不发生着火的临界电极间隙所对应的点火能量即为最小点火能量。在进行实验测试时，先将一定浓度的可燃气体装入球形反应容器内，并将电极间距设置足够大，逐步增大电压直到电极间出现火花，当观察到容器内出现火焰传播后，迅速切断高压电源，记录下电压值 U。然后逐渐减小电极间距，直到可燃气体不能点燃为止，此时电容放电能量即为可燃气体在该浓度时的最小点火能量 E，即：

$$E = \frac{1}{2}CU^2 \tag{4-3}$$

式中　C——电容。

由于上述测试方法忽略了火花放电过程其他因素造成的能量损失，往往会导致最小点火能量估算偏高。更精确的测试方法是直接测出电极两端电压 $U(t)$ 和放电电流波形 $I(t)$ 曲线，然后通过功率曲线对时间积分估算放电火花能量 E，即：

$$E = \int_0^{\tau} \left[U(t)I(t) - I^2(t)R \right] \mathrm{d}t \tag{4-4}$$

4.3.2.3　自燃温度

可燃气体/空气混合物自燃温度测试方法很多，这里主要介绍同心管测试法，实验装置如图 4-7 所示。实验时，已加热的可燃气体和空气分别从同心管送入，使之在同心管出口处混合，并观察是否发生着火。如果没有着火，则继续加热空气，直至发生着火。如果可燃气体混合充分，同心管测试法可避免器壁散热影响，因而用于气体自燃温度测定较其

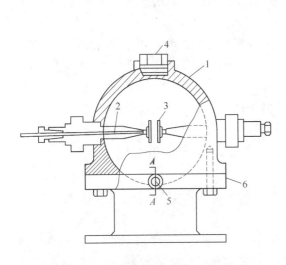

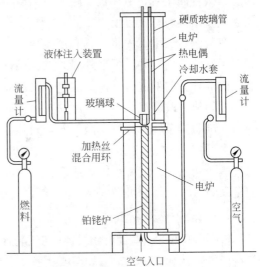

图 4-6　可燃气体最小点火能量测试装置　　　　　图 4-7　气体自燃温度实验测试装置

1—球形容器；2—电极；3—极板；

4—观察窗；5—进气口；6—底座

他方法更可靠。部分可燃气体/空气混合物自燃温度测试数据列于表4-6。

表4-6　常见可燃气体/空气自燃温度

可燃气体	AIT/℃	可燃气体	AIT/℃
氧气	630	乙烯	600
一氧化碳	693	丙烯	618
甲烷	722	乙炔	430
乙烷	650	苯	710

4.3.2.4　最大试验安全间隙

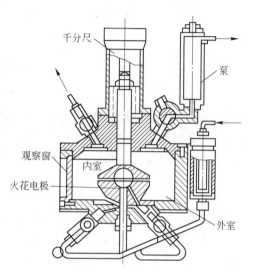

图4-8　最大试验安全间隙实验装置

根据《爆炸性环境用防爆电气设备最大试验安全间隙测试方法》（GB 3836.11—2008）的规定，最大试验安全间隙测试装置如图4-8所示，主要由标准外壳、试验箱、间隙调整、配气系统、点火源及观察窗等构成。标准外壳是一个内腔容积为20cm³，隔爆接合面长度为25mm球形容器。试验箱是一个内径为ϕ200mm，高度75mm圆桩形箱体。外壳间隙可通过千分表精确调整和测出，标准外壳充气进口直径为ϕ3mm，进气通道容积为5cm³，试验箱进气口由7个直径ϕ2mm通孔组成，进出气管道上装有防回火阻火器。采用电极放电火花点火，电极间间隙为3mm，放电通路与平面法兰接合面垂直，电极置于距法兰内缘14mm处，且与两平面法兰中心线对称，观察窗位于试验箱体对称位置上。

在常温常压下，先将一具有规定容积、规定隔爆接合面长度L和可调间隙d的标准外壳置于试验箱内，并往标准外壳和试验箱内同时充入相同浓度的爆炸性气体混合物，然后点燃标准外壳内部混合气体，通过观察窗观测标准外壳外部混合气体是否被点燃。调整标准外壳间隙，改变混合气体浓度，找出任何浓度下都不发生传爆现象的最大壳体间隙，即为最大试验安全间隙。最大试验安全间隙与可燃气体浓度、点火位置、传播通道长度等有关，当可燃气体浓度处于爆炸极限范围中间值时，最大试验安全间隙最小。此外，增大可燃气体初始压力，或减小传火通道长度，或使点火位置紧靠内室器壁，均会导致最大试验安全间隙减小。部分可燃气体/空气混合物最大试验安全间隙测试数据列于表4-7。

4.3.2.5　爆炸指数

根据ISO 6184—2《可燃气体/空气混合物爆炸指数测定方法》的规定，气体爆炸指数在标准爆炸装置中测定，如图4-9所示。装置主要部分是一个容积为1m³的圆柱形爆炸容器，长径比通常为1:1。为便于容器内形成湍流，外设一个可用空气加压到2MPa、容积为5L的小室，并通过快速动作阀门和内径为ϕ19mm的管子与爆炸容器相连。该阀与爆炸容器内呈半圆形、内径为ϕ19mm的管子相连，半圆形管子上钻有若干个ϕ4~6mm小孔，

表 4-7　部分可燃气体/空气混合物最大试验安全间隙

可燃气体	MESG/mm	可燃气体	MESG/mm	可燃气体	MESG/mm
甲烷	1.14	氢气	0.29	氯乙烯	0.99
乙烷	0.91	二硫化碳	0.34	二氯乙烯	3.91
丙烷	0.92	乙炔	0.37	异丁醇	0.92
丁烷	0.98	乙烯	0.65	乙醚	0.87
戊烷	0.93	丙烯	0.91	正氯丁烷	1.06
己烷	0.93	甲醇	0.92	二丁醚	0.86
庚烷	0.91	乙醇	0.89	二甲醚	0.84

小孔总面积约为 $300mm^2$。可燃气体/空气混合物由电火花点燃，火花间隙位于容器几何中心，电极间距为 $3\sim5mm$，爆炸压力由安装在容器壁上的压力传感器测得。

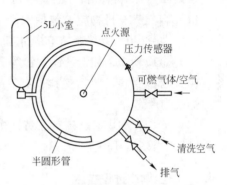

图 4-9　气体爆炸指数实验测试装置

对于静止可燃气体/空气混合物爆炸指数测试，先在 $1m^3$ 容器内配制可燃气体/空气混合物，启动压力记录仪，然后开动点火源，并记录下爆炸压力-时间历史曲线。在一个较宽浓度范围内对可燃气体/空气混合物进行爆炸测试，分别绘制出 p_m 即 $(dp/dt)_m$ 及 K 与浓度关系曲线，然后，从曲线上分别确定出可燃气体/空气混合物的 p_{max} 即 $(dp/dt)_{max}$ 及 K_{max} 值，或直接利用式 (4-5) 求出 K_{max} 值。

$$K = (dp/dt)_m \cdot V^{1/3} \tag{4-5}$$

部分可燃气体/空气混合物爆炸指数测试数据列于表 4-8。

表 4-8　部分可燃气体/空气混合物爆炸指数

可燃气体	p_{max}/MPa	K_{max}/MPa·m·s^{-1}	可燃气体	p_{max}/MPa	K_{max}/MPa·m·s^{-1}
甲烷	0.71	6.4	苯乙烷	0.66	9.4
乙烷	0.78	10.6	氢气	0.69	65.9
丙烷	0.79	9.6	甲醇	0.77	6.6
丁烷	0.80	9.2	甲苯	0.77	5.6

4.4　粉　尘　爆　炸

4.4.1　概述

可燃粉尘在受限空间内与空气混合形成的粉尘云，在点火源的作用下，形成粉尘空气混合物快速燃烧，并引起温度压力急骤升高，通常称为粉尘爆炸。

由粉尘爆炸造成的事故会给厂矿企业造成毁灭性的巨大损失。如 1987 年 3 月，哈尔滨亚麻厂发生一起亚麻粉尘爆炸和继发火灾事故，火焰高达 20 余米，189 台机器、电器等生产设备被砸压、焚烧，灾害覆盖面积达 1.3 万平方米。职工伤亡 235 人，其中死亡 58 人，直接经济损失 881 万元。

粉尘爆炸概念的确定最早是在 19 世纪末，由英国煤矿联合会正式确认煤尘具有爆炸性；其后，除了火药及其他爆炸性粉尘引起的灾害外，与可燃气体和可燃液体等引起的爆炸灾害相比，粉尘爆炸无论是发生次数还是损害程度都相对较小。可是，20 世纪 50 年代以来，随着塑料工业、有机合成工业、粉末金属工业和饲料工业等行业的技术进步，对原料、成品进行粉体加工的逐渐增多，出现了粉体加工领域的扩大、处理量的增多、工艺连续化和设备高速化倾向，其结果使粉尘爆炸的潜在危险性有较大增加。

根据国内外资料分析，已发生粉尘爆炸的物质主要有以下四个方面：

（1）自然界有机物质，包括农产加工品（如谷物、糖、淀粉、饲料等，以饲料类粉尘爆炸最为突出）、纤维类（包括木粉、纸粉、棉麻粉等，其中以木粉爆炸最多）。

（2）金属粉尘，如铝、镁、锌等。金属粉尘爆炸中，以铝粉最为突出。

（3）合成材料，包括塑料、有机颜料、洗涤剂、黏结剂、药品等，其中，以塑料粉尘爆炸最为严重。

（4）矿尘，如煤矿、硫黄、黄铁矿等。煤的开采量大，经常由瓦斯爆炸伴随煤尘爆炸，发生次数多，损失严重。

4.4.2 粉尘爆炸过程描述

4.4.2.1 粉尘爆炸条件

在生产加工过程中产生的粉尘不是随时可以发生爆炸的，而是有一定条件的。只有具备了一定的条件，粉尘才有可能发生爆炸。粉尘爆炸应具备以下五个条件：

（1）粉尘本身具有可燃性或爆炸性；

（2）粉尘必须悬浮在空气中并与空气或氧气混合达到爆炸极限；

（3）有足以引起粉尘爆炸的热能源，即点火源；

（4）粉尘具有一定的扩散性；

（5）粉尘存在的空间必须是一个受限的空间。

其中，前三个条件为燃烧的三要素，后两个条件为粉尘爆炸区别于燃烧的两个条件。粉尘爆炸必须同时满足上述五个条件，缺少任何一个条件，爆炸即不会发生。这也是预防和控制粉尘爆炸发生的重要依据。

4.4.2.2 粉尘爆炸的特征

A　粉尘爆炸传播过程

粉尘爆炸的实质是可燃粉尘颗粒受热分解产生可燃气体，可燃气体与颗粒周围空气中氧气结合后形成混合可燃气体；在点火能作用下引起爆炸。所以，从本质上也可以说粉尘爆炸也是一种气相爆炸，其爆炸过程如图 4-10 所示，可以分解为下列进程：

（1）粉尘在空气中均匀分布并达到一定浓度，有外界能量时，供给粉尘粒子表面以热能，使其温度上升。

（2）粒子表面的分子由于热分解或干馏的作用，而变为气体分布在粒子周围。

（3）这种可燃性的气体与空气混合而生成爆炸性混合气体，进而发火产生火焰。

（4）由于这些火焰产生的热加速了粉尘的分解，如此循环往复放出大量的可燃性气体并与空气混合，继续点燃传播和爆炸。

B 二次爆炸

初始粉尘爆炸的冲击波向四周或某一方向作用时，将沿途沉积的粉尘层卷起，形成粉尘云，粉尘云将参与爆炸，继而形成猛烈的二次爆炸。二次粉尘爆炸与原爆相比，由于其点火源是原爆的压缩波（或冲击波），其能量比原爆的点火能大得多，冲击波使粉尘云湍流度更高、单位粉尘云接受更高的能量，因此，二次爆炸要猛烈得多，可以由爆燃发展到爆轰，其过程如图 4-11 所示。

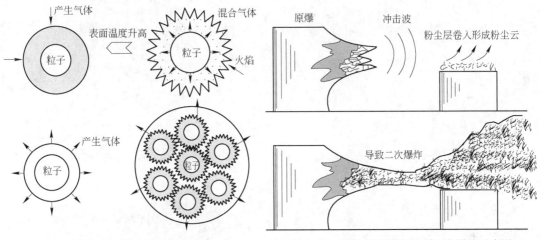

图 4-10　粉尘爆炸过程　　　　图 4-11　粉尘从原爆发展到二次爆炸示意图

4.4.2.3　影响粉尘爆炸的因素

可燃粉尘能否着火爆炸及爆炸的猛烈程度，取决于粉尘本身的物理化学性质和外界条件。

（1）粉尘化学性质。粉尘的化学性质，主要指化学组成。化学组成不同，粉尘的燃烧热值和氧化燃烧速率也不同。

（2）粉尘物理性质。粉尘的物理性质，主要指粉尘的粒径、形状和表面致密度或多孔性质。由于粉尘的化学反应是在表面进行，它们的大小都影响氧化燃烧的速率，其中以粒径最为明显。

（3）燃烧热。燃烧热值，即单位质量可燃粉体完全燃烧时所放出的热量（kJ/kg）。粉体的燃烧热值越大，爆炸越猛烈。因此，热值的大小可粗略衡量粉尘爆炸相对猛烈程度和危险性大小。

（4）粉尘云特性。这包括粉尘浓度、空气中的氧含量、粉尘湿度、湍流度等。

1）粉尘浓度。粉尘爆炸最大压力和压力上升速率随粉尘浓度增加达到某一值后，又随粉尘浓度的增加而降低，如图 4-12 所示。

2）空气中氧含量。粉尘云中氧浓度的增加，会使爆炸的猛度和感度都增加，如图 4-13（a）所示，最大爆炸压力与最大压力上升速率都随氧浓度的减小而降低，粉尘浓度可爆范围变窄，如图 4-13（b）所示。氧浓度降低，爆炸浓度下限值增大，最小点燃能量增大，即越安全。

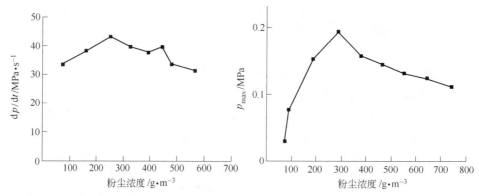

图 4-12　最大爆炸压力（p_{max}）和最大压力上升速率（$(dp/dt)_{max}$）与粉尘浓度的关系

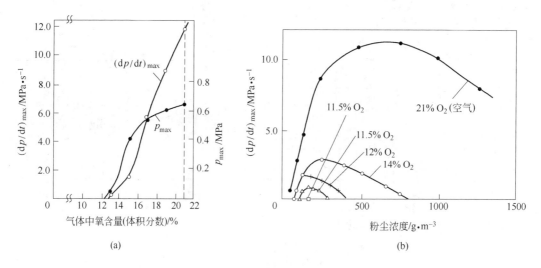

图 4-13　氧浓度对爆炸系数的影响
（a）最大爆炸压力 p_{max}；（b）最大爆炸压力上升速率（dp/dt）

3）粉尘湿度及粉尘云湍流度。随着吸附在粉体颗粒表面水分的增加（即湿度增加），所需点火能增加；粉尘活度降低，促使粉体颗粒相互吸附成较大颗粒。

粉尘云中湍流度增加，即其中已燃和未燃部分的接触面积增大，使反应速度和最大压力上升速率增加。

（5）外界条件。与粉尘爆炸有关的外界条件包括粉尘云的初始压力、初始温度、点火源、包围体形状与尺寸和惰性物质等。

粉尘云的初始压力增大，将使最大爆炸压力、最大爆炸压力上升速率与其成正比增加。

粉尘爆炸时的初始温度越高，越易导致容器内氧的密度随温度升高而降低；但初始温度越高，粉尘燃烧速度越快，压力上升速率也随之加大；爆炸下限降低，所需点火能降低。

在密闭容器内，随着点火能增大，最大爆炸压力与最大压力上升速率增大。当点火源位置位于包围体几何中心或管道封闭端时，由于反应时间短和爆炸刚性壁面反射作用力成几何增加，爆炸猛度加大。

4.4.3 粉尘爆炸特征参数及测试方法

影响粉尘爆炸特性参数的因素很多，为使各国测试数据具有相对可比性和实用价值，国际标准化组织（ISO）发布了 ISO 6184/1—85《爆炸防护系统第 1 部分：空气中可燃粉尘爆炸参数测定》，并由国际电工委员会 IEC31H 制定了五个标准测试草案。

4.4.3.1 爆炸下限

粉尘爆炸下限测试装置主要有三种，即 20L 球形装置、20L 筒形装置和北欧 15L 爆炸装置。在 IEC31H《粉尘/空气混合物最低可爆浓度测定方法》规定中，推荐 20L 球形容器为粉尘云爆炸下限标准测试装置，如图 4-14 所示。在实验测试时，先将足够量粉样放入储粉罐内，加压到 2.0MPa，容器内抽真空到 0.04MPa。如果点火后容器内所测压力（包括点火源压力）不小于 0.15MPa，则认为粉尘云发生了爆炸。逐渐减少粉尘浓度，重复上述过程，直至找到最低可爆浓度。

4.4.3.2 极限氧含量

极限氧含量（最大允许氧含量）实验测试装置为 Hartmann 管，如图 4-15 所示。实验测试时，为确定混合气中的氧含量，先将空气和氮气按一定比例在大储气罐中混合，并加压至 0.9MPa。Hartmann 管顶部用滤纸覆盖，以允许管内原有空气进入大气，防止外界空气混入管内。通过储气室和导管使 3L 混合气缓慢地进入 Hartmann 管，并使管内气体与预混气体一致。启动电磁阀，由压缩空气将粉室内的粉尘样品吹入 Hartmann 管，经一定延迟时间后由点火头点火，观察粉尘云是否发生着火。在每一氧浓度下重复试验 20 次，并记录发生着火的次数。改变氮气加入比例，并重复上述试验过程，以获得粉尘着火频率与氧浓度关系曲线，则 20 次试验全不发生着火的氧浓度即为该粉尘云的最大允许氧含量。常见工业粉尘最大允许含氧量如表 4-9 所示。

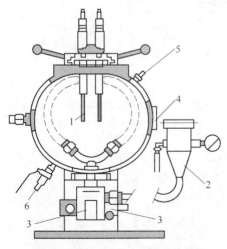

图 4-14　20L 标准球形爆炸容器

1—点火电极；2—储粉罐；3—电磁阀；
4—压力传感器；5—温度控制；6—排气口

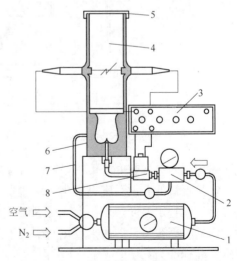

图 4-15　最大允许氧含量实验测试装置

1—大储气罐；2—储气室；3—高压火花发生器；
4—Hartmann 管；5—滤纸；6—粉室；
7—洗气用导管；8—电磁阀

表4-9 部分常见可燃粉尘最大允许含氧量测试数据

粉尘	中位直径/μm	LOC/%	粉尘	中位直径/μm	LOC/%
纤维素	51	11	硬脂酸钡	<63	13
木屑	130	14	硬脂酸钙	<63	12
木材粉	27	10	硬脂酸镉	<63	12
豌豆粉	25	15	月桂酸镉	<63	14
玉米淀粉	17	9	甲基纤维质	29	15
1150 黑面粉	29	13	多聚甲醛	27	7
550 小麦粉	60	11	二萘酚	<30	9
麦芽饲料	25	11	铝粉	22	5
褐煤	63	12	钙铝合金	22	6
褐煤块尘	51	15	硅铁	21	12
烟煤	17	14	镁合金	21	3
树脂	63	10	蓝染料	<10	13
橡胶	95	11	有机颜料	<10	12
聚丙烯腈	26	10	炭黑	16	12
聚乙烯	26	10	乙炔炭黑	86	16

4.4.3.3 最低着火温度

A 粉尘层最低着火温度

粉尘层最低着火温度标准测试装置(热板)如图4-16所示。

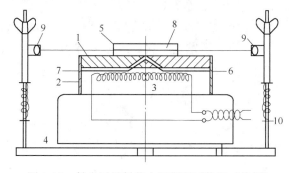

图 4-16 粉尘层最低着火温度测试装置(热板)

1—热板;2—支撑环;3—加热器;4—支架;5—盛粉环;6—加热器温控热电偶;
7—加热板内记录热电偶;8—粉尘层中测试热电偶;9—热电偶高度调节器;10—弹簧

粉尘层着火之前要经历一段时间持续加热过程,使粉尘层温度升高,氧化反应速率加快,在接近最低着火温度过程中,粉尘层着火所经历的"诱导期"要比粉尘云和气体长许多倍。在特定温度热表面上,粉尘层能否着火取决于氧化放热速率和粉尘层向外散热速率之间的热平衡关系。如果放热速率大于散热速率,粉尘层温度就会一直升高直至着火。着火判断标准为:

(1) 观察到有火焰和发光等燃烧现象;

(2) 粉尘层升温超过热表面温度,然后又降至比热表面温度稍低之稳定值。如果温度超过热表面温度 20K,也视为着火。粉尘层温度先升后降的现象则是粉尘层自热的表现。

实验测试时，先将粉尘层置于热板上一定高度的盛粉环内，通过温控仪控制热板温度，由温度记录仪记录下热板及粉尘层温度，并根据上述判断标准测出粉尘层的最低着火温度。

B　粉尘云最低着火温度

粉尘云最低着火温度常用测试装置有两种：一种是 G-G 炉（Godbert-Greenwald 炉）；另一种是 BAM 炉（德国工程师协会推荐）。IEC3IH 推荐 G-G 炉为粉尘云最低着火温度标准测试装置，如图 4-17 所示。G-G 炉的炉管为下口敞开的石英管，管壁上绕有电阻丝，为保证管内恒温，电阻丝绕法是炉管上、下两端较密，中部稀些。炉管上端与粉室相连，粉室依次与止逆阀、储气罐相连。炉管中部两支热电偶，一支用于温度控制，另一支与高温表或函数记录仪相连用于测温。

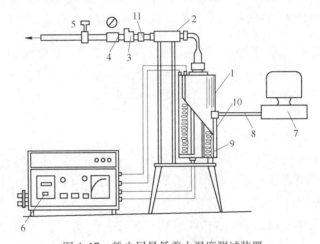

图 4-17　粉尘层最低着火温度测试装置

1—G-G 炉；2—粉室；3—电磁阀；4—储气罐；5—阀门；6—温控仪；7—高温表或函数记录仪；
8—热电偶；9—电炉丝；10—炉壳；11—止逆阀

实验测试时，先将炉温控制在某一恒定温度，将待测粉尘喷入炉膛，与内壁接触的粉尘首先发生着火。从 G-G 炉炉管敞开口观察，如有火焰喷出，说明炉内发生了粉尘着火，有火焰传播出来，这就是着火判据；如果有零星火花从下口喷出，说明无火焰传播，不能视为着火。假设粉尘云发生着火的管内壁最低温度为 T_{min}，则根据 IEC 标准测试方法，粉尘云最低着火温度按下式计算：

$$若\ T_{min} > 300℃ \qquad MITC = T_{min} - 20℃ \qquad (4-6)$$

$$若\ T_{min} \leqslant 300℃ \qquad MITC = T_{min} - 10℃ \qquad (4-7)$$

BAM 与 G-G 炉主要区别是，BAM 炉的炉管呈水平放置，因此，采用 BAM 炉测试粉尘云最低着火温度时，首先点燃的是粉尘热分解所产生的可燃气体，而不是粉尘云本身，通常，MAB 炉中测得粉尘云最低着火温度要比 G-G 炉中测试值低 20℃ 左右。

4.4.3.4　最小点火能量

粉尘云最小点火能量可以在 20L 球形爆炸容器（如图 4-14 所示）或 Hartmann 管（如图 4-15 所示）中测试，主要测试设备包括爆炸装置和火花放电系统。关于连续充电增高电压触发火花放电系统电路的原理如图 4-18 所示。图中，限流电阻和耦合电阻均为 10^8 ~ $10^9\Omega$，电容电压由静电电压表测量。通过改变电容器电容和放电电压，可稳定地产生 1mJ 以上任何量级的高压电火花。

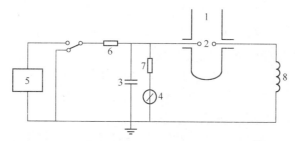

图 4-18　连续充电增高电压触发火花放电电路
1—爆炸容器；2—电极；3—放电电容；4—静电电压表；
5—直流电源；6—限流电阻；7—耦合电阻；8—电感

在实验测试之前，先设定一个放电火花能量值，调整电压值和电极间距，直到出现要求能量的放电火花，然后，将被测粉尘用压缩空气喷入爆炸容器内，并用电火花点燃粉尘云，观察容器内粉尘云是否发生着火，着火判断标准为：

（1）20L 密闭容器内所测超压大于 0.02MPa；

（2）Hartmann 管内，火焰传播 6cm 以上。

若粉尘云发生着火，则依次降低火花放电能量，直至相同实验条件下连续 10 次均不发生着火，此时火花放电能量即为该粉尘云的最小点火能量。

4.4.3.5　爆炸指数

爆炸指数是表征粉尘爆炸效应的重要参数，不仅是泄爆面积、抑爆及隔爆设计的重要依据，也是粉尘爆炸危险性分级必不可少的参数，如最大爆炸压力 p_{max}、最大爆炸压力上升速率 $(dp/dt)_{max}$ 以及 $K_{st, max}$ 等。这些参数值越大，表明粉尘爆炸越猛烈，爆炸破坏力越强。按 $K_{st, max}$ 值大小或爆炸猛度不同，可燃粉尘可分为如下三个等级：

（1）St1 级：$K_{st, max}$ <20.0MPa·m/s；

（2）St2 级：20.0MPa·m/s≤ $K_{st, max}$ ≤30.0MPa·m/s；

（3）St3 级：$K_{st, max}$ >30.0MPa·m/s。

粉尘爆炸指数 p_{max}、$(dp/dt)_{max}$ 及 $K_{st, max}$ 常用测试装置有两种，即 20L 球形爆炸装置和 1m³ 标准爆炸容器，两种爆炸容器中测得 $(dp/dt)_{max}$ 虽不同，但爆炸指数 $K_{st, max}$ 却保持一致。根据 ISO 6184/1—85《空气中可燃粉尘爆炸参数测定》规定，推荐爆炸指数在 1m³ 标准爆炸容器中测定，关于 1m³ 标准爆炸装置详见图 4-9 所示。

不同于气体爆炸指数测试方法，粉尘爆炸指数测试不用电火花点火，而是由两个总能量为 10kJ（总质量为 2.4g）的化学点火头点火，化学点火头主要成分及配比为 40% 锆粉、30% 硝酸钡和 30% 过氧化钡，容器内爆炸超压由壁面压力传感器测得。测试步骤如下：

（1）在容积为 5L 储粉室内放入一定量的粉尘试样，并加压到 2MPa，在确认爆炸容器处于大气环境后，启动压力记录仪，然后开启快速电磁阀门，经 600ms 延迟时间后，启动点火源；

（2）由安装在容器壁面上的压力传感器记录下每次试验的压力-时间历史曲线，并从中确定出每次试验的 p_m 和（dp/dt）$_m$ 值；

（3）在一个相当宽的浓度范围内重复上述测试过程，确定出 p_{max}，（dp/dt）$_m$ 随粉尘浓度变化关系曲线，并从曲线上找出 p_{max} 和（dp/dt）$_{max}$ 值；

（4）最后，求出爆炸指数 $K_{st,max}$ 值，或先分别求出每次试验 K_{st} 值，并确定出 K_{st} 随粉尘浓度变化关系曲线，然后从曲线上找出 $K_{st,max}$ 值。

一般说来，粉尘爆炸最大超压在 $0.5 \sim 0.9$ MPa 范围，铝粉等少数金属粉尘爆炸超压可达 1.2MPa；多数粉尘爆炸指数 $K_{st,max}$ 在 $10 \sim 20$ MPa·m/s 范围，铝粉等少数粉尘的 $K_{st,max}$ 可达 110MPa·m/s。

4.5 其他类型的灾害性爆炸

4.5.1 高压过热液体沸腾蒸气爆炸（BLEVE）

当密闭容器中的液体遭遇火灾时，在明火加热下密闭容器中的蒸气压就会升高，如果容器发生破裂，处于过热状态的液体便会因气-液平衡遭到破坏引发过热液体蒸气爆炸。此外，储藏在密闭容器中的液化气的沸点在常温以下时，容器发生破裂也有可能因液化气过热而发生蒸气爆炸。使液体从稳定状态转变为过热状态一般有两种方法：一是在压力一定的条件下对液体进行加热，如熔融物与水接触发生爆炸的情况；二是在温度一定的条件下降低液体压力，当处于加压气-液平衡状态下的液体在压力降到大气压以下时，便会成为过热状态。部分物质极限过热临界温度 T'_L 测试结果与临界温度 T_c 之比值列于表 4-10。

表 4-10 部分物质极限过热临界温度实测值

物 质	T'_L/K	T'_L/T_c	物 质	T'_L/K	T'_L/T_c
甲烷	269.0	0.881	2-甲基丁烷	412.2	0.895
乙烷	269.0	0.881	苯	498.4	0.887
丙烷	326.0	0.882	丙烯	325.6	0.882
丁烷	378.0	0.890	丙二烯	346.2	0.881
己烷	420.8	0.896	乙二烯	356.8	0.887
庚烷	457.2	0.901	氯甲烷	366.2	0.880
辛烷	513.0	0.902	氯乙烷	374.0	0.867
壬烷	538.4	0.906	氟乙烷	290.0	0.885

当过热液体由沸腾转化为蒸气时，气化率可按下式估算：

$$\eta = \frac{w}{W} = \frac{H_{T1} - H_{T2}}{Q_L} \tag{4-8}$$

式中　η ——气化率；

　　w ——液体气化量，kg；

　　W ——液体总量，t；

　　H_{T1} ——加压下过热液体的热焓，kJ/kg；

H_{T2} ——大气压下液体的热焓，kJ/kg；

Q_L ——液体蒸发热，kJ/kg。

部分液体从压力为 3MPa 下处于气-液平衡状态急剧减压至 0.1MPa 时，利用式(4-8)对产生的蒸气体积倍率估算结果列于表 4-11。从表中可以看出，在蒸气压为 0.1MPa，温度降至沸点时，产生的蒸气体积为液体时的几百倍。因此，对可燃液体加压时，若容器发生破损引起泄漏，就会产生大量蒸气，这些可燃蒸气扩散到周围环境中去，造成二次爆炸的危险会更大。

表 4-11   部分液体蒸气爆炸常数

名　称	比热容 / J·(g·K)$^{-1}$	蒸发热 / kJ·mol^{-1}	沸点/℃	蒸气压 3MPa 下液温/℃	临界温度 /℃	蒸气爆炸 体积倍率
液态氨	4.60	23.4	−33	69	132.3	240
液化丙烷	2.47	18.8	−45	79	96.8	180
液化氯气	0.96	20.5	−34	82	144.0	150
液化丁烷	2.30	21.3	−0.5	141	152.0	200
氯乙炔	1.84	25.5	11	150	192.0	210
氢氰酸		25.1	26	154	183.5	200 ~ 370
氯丙烯	2.13	21.8	34	182	215.3	300
乙醚	2.26	26.4	35	183	194.0	230
乙醇	2.51	38.5	78	203	243.0	190
水	4.18	40.6	100	235	374.2	420
苯	1.76	31.8	80	230	289.0	240

4.5.2　低温液化气蒸气爆炸

当低温液化气流至水面时，由于二者之间存在温差，低温液化气就会发生急剧沸腾，飞扬起大量水雾，并伴随着巨大响声产生与气体爆炸类似的爆炸现象。低温液化气与水接触引起的蒸气爆炸，基本上不存在沸腾生成核，而是液化气被过热到沸点以上临界温度后，突然发生瞬时沸腾而引起的蒸气爆炸现象。低温液化气爆炸条件及主要特点包括：

（1）液-液接触是不发生膜沸腾现象和引起爆炸的必要条件；

（2）与低温液化气接触的高温物体（如水），温度必须超过一定值；

（3）从液-液接触到爆炸发生虽存在数毫秒到数百毫秒的时间延时，但爆炸时间间隔一般不超过 5 ms；

（4）低温液化发生蒸气爆炸的概率，与液化气种类及成分有关；

（5）当高温物体的温度超过某一临界值后，发生爆炸的概率会有所下降；

（6）当高温物体的界面凝固温度在凝固点以下时，爆炸便难以发生。

在标准大气压下，如果水的温度为 $T_W(K)$，低温液化气的极限过热温度为 $T_L(K)$，则碳氢化合物的爆炸温度范围可表述为：

$$0.89 < T_L / T_W < 0.98 \tag{4-9}$$

式(4-9)表明，碳氢化合物的极限过热温度为水温的 0.89 ~ 0.98 倍。当水温低于下限值时，易形成均质核，而当水温高于上限值时，则只发生膜沸腾，使液体与液体之间难以接触。

　　如果低温液化气缓慢流入水面，即使在温差很大的情况下也不会发生爆炸。但如果冲力很大地倒入水中，则会引起激烈爆炸。例如，将液化甲烷或乙烷缓慢倒入温度较高的水中，只会发生膜沸腾，而不会形成爆炸；相反，若将其泼向水面，则不会形成膜沸腾，而是发生液-液接触爆炸。当含有高沸点成分杂质的低温液化气流入水面时，由于液化气组分发生了变化，沸腾状态有可能从膜沸腾转向迁移沸腾，引起激烈沸腾，并发展为液-液接触爆炸。实际上，当低温液化气连续流入水面 1h 左右，也会发生激烈爆炸，这是低温液化气在水面上被浓缩成为多种高沸点组分所引起的。关于含乙烷、丁烷、丙烷的低温液化气爆炸时的组成如图 4-19 所示。

　　此外，实验研究还表明，低温液化气在空气中爆炸压力很弱，但水中爆炸压力却很强，虽然产生蒸气爆炸的条件尚不完全清楚，但一般认为，对于温差在 100℃ 以上的液-液接触情况，就已具备了蒸气爆炸的可能性。

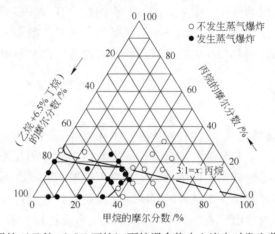

图 4-19　甲烷/（乙烷+6.5% 丁烷）/丙烷混合物水上流出时发生蒸气爆炸条件

复习思考题

4-1　什么是爆炸，发生化学爆炸的条件有哪些？

4-2　简述爆炸极限的概念，分析影响爆炸极限的因素。

4-3　某种天然气的组成（体积分数）如下：甲烷 80%，乙烷 15%，丙烷 4%，丁烷 1%。各组分的爆炸下限分别为 5%、3.22%、2.37% 和 1.86%，求该天然气的爆炸下限。

4-4　可燃气体、可燃粉尘爆炸参数有哪些？

4-5　简述粉尘爆炸发生的条件，影响粉尘爆炸的因素。

4-6　什么是粉尘爆炸指数？根据该指数，如何进行粉尘爆炸危险性分级？

5 火灾预防控制技术

5.1 火灾防控原则与方法

建筑物是人们生产生活的主要场所，也是财产极为集中的地方，因此建筑火灾对人们的生命财产的危害最大、最直接，是火灾预防控制的主要方面。建筑物的类型很多，一般将其分为民用建筑和工业建筑两类。前者如住宅楼、写字楼、宾馆、影剧院、展览馆、图书馆、候机楼等。这些场合往往有很多人出入，有的也会存有较多的可燃物；后者如工厂的车间、仓库、油库、控制室、变电所等。这些场所的人员一般不太多，但往往存放大量的可燃物品或爆炸物品，因此往往会酿成大规模的恶性火灾。本章重点结合民用建筑讨论火灾的预防控制。

5.1.1 火灾防控原则

根据燃烧必须是可燃物、氧化剂和着火源这三个基本条件相互作用才能发生的原理，采取措施，防止燃烧三个基本条件的同时存在或者避免它们的相互作用，是防火技术的基本原理。所有防火技术措施都是在这个理论的指导下采取的，或者可这样说，全部防火技术措施的实质，就是防止燃烧基本条件的同时存在或避免它们的相互作用。例如，在汽油库里或操作乙炔发生器时，由于有空气和可燃物（汽油或乙炔）存在，所以规定必须严禁烟火，这就是防止燃烧条件之一的着火源存在的一种措施。又如，安全规则规定，气焊操作点（火焰）与乙炔发生器之间的距离必须在 10m 以上，乙炔发生器与氧气瓶之间的距离必须在 5m 以上，电石库距明火、散发火花的地点必须在 30m 以上等。采取这些防火技术措施是为了避免燃烧三个基本条件的相互作用。

5.1.2 火灾防控基本原理

5.1.2.1 消除着火源

防火的基本原则应建立在消除着火源的基础之上。人们不管是在自己家中或办公室里还是在生产现场，都经常处在或多或少的各种可燃物质包围之中，而这些物质又存在于人们生活所必不可少的空气中。这就是说，具备了引起火灾燃烧的三个基本条件中的两个条件。结论很简单：消除着火源。只有这样，才能在绝大多数情况下满足预防火灾和爆炸的基本要求。消除着火源的措施有很多，如安装防爆灯具、禁止烟火、接地避雷、隔离和控温等。

5.1.2.2 控制可燃物

防止燃烧三个基本条件中的任何一条，都可防止火灾的发生。如果采取消除燃烧条件中的两条，就更具安全可靠性。例如，在电石库防火条件中，通常采取消除着火源和防止产生可燃物乙炔的各种有关措施。

控制可燃物的措施主要有：在生活中和生产的可能条件下，以难燃和不燃材料代替可燃材料，如用水泥代替木材建筑房屋；降低可燃物质在空气中的浓度，如在车间或库房采取全面通风或局部排风，使可燃物不易积聚，从而不会超过最高允许浓度；防止可燃物质的跑、冒、滴、漏；对于那些相互作用能产生可燃气体或蒸气的物品应加以隔开，分开存放，例如电石与水接触会相互作用产生乙炔气，所以必须采取防潮措施，禁止自来水管道、热水管道通过电石库，等等。

5.1.2.3　隔绝空气

必要时可以使生产在真空条件下进行，在设备容器中充装惰性介质保护。例如，水入电石式乙炔发生器在加料后，应采取惰性介质氮气吹扫；燃料容器在检修焊补前，用惰性介质置换等。此外，也可将可燃物隔绝空气贮存，如钠存于煤油中、磷存于水中、二硫化碳用水封存放，等等。

5.1.2.4　防止形成新的燃烧条件，阻止火灾范围的扩大

设置阻火装置，如在乙炔发生器上设置水封回火防止器，或水下气割时在割炬与胶管之间设置阻火器，一旦发生回火，可阻止火焰进入乙炔罐内，或阻止火焰在管道里蔓延；在车间或仓库里筑防火墙，或在建筑物之间留防火间距，一旦发生火灾，使之不能形成新的燃烧条件，从而防止扩大火灾范围。

综上所述，一切防火技术措施都包括两个方面：一是防止燃烧基本条件的产生；二是避免燃烧基本条件的相互作用。

5.2　建筑耐火等级

耐火等级是衡量建筑物耐火程度的分级标准。各类建筑由于使用性质、重要程度、规模大小、层数高低和火灾危险性存在差异，所要求的耐火程度应有所不同。确定建筑物耐火等级的目的是使不同用途的建筑物具有与之相适宜的耐火安全储备，以做到既有利于安全，又利于节约投资。建筑物具有适当的耐火等级又可以保证其发生火灾后，在一定的时间内不被破坏，从而为人们安全疏散提供必要的时间，为消防人员扑救火灾创造条件，也为建筑物火灾后修复重新使用提供可能。

5.2.1　影响耐火等级的因素

不同建筑的使用性质、重要程度、规模大小、层数高低和火灾危险性均存在差异，因此所要求的耐火程度应有所不同，确定建筑物的耐火等级时，须综合考虑以下因素。

（1）建筑物的重要程度。建筑物的重要程度是确定其耐火等级的重要因素。对于性质重要、功能和设备复杂、规模大、建筑标准高的建筑，一旦发生火灾，经济损失、人员伤亡大，甚至会造成很大的政治影响。因此，对于国家机关重要的办公楼、中心通信枢纽大楼、中心广播电视大楼、大型影剧院、礼堂、大型商场、重要的科研楼、图书馆、档案馆、高级宾馆等，其耐火等级应选定一、二级。

（2）火灾危险性。建筑物的火灾危险性大小对其耐火等级的选定影响很大，特别是对火灾荷载大的工业建筑、民用建筑以及人员密集的公共建筑，应选定较高的耐火等级。

（3）建筑物的高度。建筑物越高，发生火灾时人员疏散和火灾扑救越困难，损失也越大。对高度较大的建筑物选定较高的耐火等级，提高其耐火能力，可以确保其在火灾条件下不发生倒塌破坏，给人员安全疏散和消防扑救创造有利条件。

5.2.2　建筑物耐火等级的划分

建筑物的耐火等级是根据建筑物的墙、柱、梁、楼板、屋顶等主要建筑构件的耐火极限和燃烧性能来划分的。

耐火极限对任一建筑构件按时间-温度标准曲线进行耐火试验，从受到火的作用时起，到失去支持能力或完整性被破坏或失去隔火作用时为止的这段时间，用小时表示。

建筑物的楼板直接承受着人员和物品的重量，并将之传给梁、墙、柱等，是一种最基本的承重构件，因此在划分建筑物耐火等级时通常选择楼板的耐火极限作为基准。其他建筑构件的耐火极限则根据其在建筑结构中的地位，与楼板相比较而确定。在建筑结构中所占的地位比楼板重要者，如梁、柱、承重墙等，其耐火极限要高于楼板；比楼板次要者，如隔墙、吊顶等，其耐火极限可低于楼板。

据统计，在我国95%的火灾的延续时间均在2.0h以内，在1.0h内扑灭的火灾约占80%，在1.5h以内扑灭的火灾约占90%。而建筑物中大量使用的是普通钢筋混凝土空心楼板，其耐火极限约为1.0h；现浇钢筋混凝土整体式楼板的耐火极限大都在1.5h以上。因此，我国将一级耐火等级建筑物楼板的耐火极限选定为1.5h，二级耐火等级的建筑楼板选定为1.0h，三、四级耐火等级建筑物楼板分别为0.5h、0.25h。其他建筑构件的耐火极限根据建筑物的耐火等级进行选择。例如对于二级耐火等级建筑物，梁的耐火极限选定为1.5h，柱或墙的耐火极限选定为2.5～3.0h。

建筑构件本身的燃烧性能对建筑火灾的发展也有重要影响，进而可以影响建筑物的结构强度。因此在建筑物的某些部位，除了应规定构件的耐火性能外，还应规定构件的燃烧性能。

由可燃材料制成的构件称为燃烧体，由难燃材料制成的构件称为难燃体，由不燃材料制成的构件称为非燃烧体。

不同耐火等级的建筑物对建筑构件燃烧性能的要求大体为：一级耐火等级建筑物的主要建筑构件全部为非燃烧体；二级耐火等级建筑物的主要建筑构件，除吊顶为难燃烧体外，其余为非燃烧体；三级耐火等级建筑物的屋顶、承重构件为燃烧体；四级耐火等级建筑物除防火墙为非燃烧体外，其余构件可自行选择。

5.2.3　一般民用建筑的耐火等级

这里的一般民用建筑，指非高层民用建筑，即住宅建筑为9层及9层以下者；其他民用建筑为建筑高度不超过24m者。

不同规范对所涵盖建筑物的耐火等级的划分是不同的。我国的《建筑设计防火规范》（GB 50016—2006）将适用于该规范的建筑分为四个等级，一级耐火建筑应是钢筋混凝土结构或砖墙与钢筋混凝土结构的混合结构，二级耐火建筑应是钢结构屋顶、钢筋混凝土柱和砖墙的混合结构，三级耐火建筑是木屋顶和砖墙的混合结构，四级耐火建筑为木屋顶和难燃墙体组成的可燃结构，如表5-1所示，而不同部位的建筑构件又有着不同的耐火要求。

重要的公共建筑应采用一、二级耐火等级，如省市级以上的机关办公楼、价值在 300 万元以上的电子计算机中心、藏书 100 万册以上的藏书楼、省级通信中心、中央级和省级广播电视建筑、省级邮政楼、大型医院以及大、中型体育馆、影剧院、百货楼、展览楼、综合楼等。

表 5-1　建筑物耐火等级对若干建筑构件耐火极限的要求　　　　　　　　　（h）

构件名称	耐 火 等 级			
	一级	二级	三级	四级
承重墙与楼梯间墙	3.0	2.5	2.5	0.5
支承多层的柱	3.0	2.5	2.5	0.5
支承单层的柱	2.5	2.0	2.0	
梁	2.0	1.5	1.0	0.5
楼板	1.5	1.0	0.5	2.5
吊顶	0.25	0.25	0.15	
屋顶承重构件	1.5	0.5		
楼梯	1.5	1.0	1.0	
框架填充墙	1.0	0.5	0.5	0.25
隔墙	1.0	0.5	0.5	2.5
防火墙	4.0	4.0	4.0	4.0

商店、学校、食堂、菜市场如采用一、二级耐火等级的建筑有困难，可采用三级耐火等级的建筑。其他民用建筑（如住宅建筑）在层数较少时，可以采用三级或四级耐火等级的建筑。

5.2.4　高层民用建筑的耐火等级

为了便于针对不同类别的建筑物在耐火等级、防火间距、防火分区、安全疏散、消防给水、防排烟等方面分别提出不同的要求，以同时满足消防安全和节约投资的目的，首先需要对高层民用建筑进行分类。

《高层民用建筑设计防火规范》（GB 50045—2005）将性质重要、火灾危险大、疏散和扑救难度大的高层建筑划为一类，如高级住宅、层数在 19 层及以上的普通住宅以及重要的公共建筑。对于医院病房楼，不计高度皆列为一类建筑，主要是考虑病人行动不便、疏散困难。中央级和省级（含计划单列市）广播电视楼、网局级和省级电力调度楼等，因为其重要地位，也划分为一类。层数在 10～18 层的普通住宅、省级以下的邮政楼等政府机关楼、建筑高度不超过 50m 的教学楼和普通的旅馆、办公楼等划为二类，见表 5-2。

5.2.5　建筑物耐火等级划分的特殊情况

在根据防火设计规范划分建筑物耐火等级时，经常会遇到一些特殊情况，对此应通过具体分析加以确定。例如：

表 5-2　高层民用建筑分类

名称	类　别	
	一类	二类
居住建筑	高级住宅、19层及以上的普通住宅	10～18层的普通住宅
公共建筑	医院； 高级旅馆； 建筑高度超过50m或每层建筑面积超过1000m²的商业楼、展览楼、电信楼、财贸金融楼； 建筑高度超过50m或每层建筑面积超过1500m²的商住楼； 中央级和省级（含计划单列市）广播电视楼； 网局级和省级电力调度楼； 省级邮政楼、防灾指挥调度楼； 藏书超过100万册的图书馆、书库； 重要的办公楼、科研楼、档案楼； 建筑高度超过50m的教学楼和普通的旅馆、办公楼、科研楼、档案楼等	除一类建筑以外的商业楼、展览楼、综合楼、电信楼、财贸金融楼、商住楼、图书馆、书库； 省级以下的邮政楼、防灾指挥调度楼、广播电视楼、电力调度楼； 建筑高度不超过50m的教学楼和普通的旅馆、办公楼、科研楼

注：根据高层民用建筑类别，《高层民用建筑设计防火规范》对其相应的耐火等级规定如下：

（1）一类高层建筑的耐火等级应为一级，二类高层建筑的耐火等级不应低于二级。

（2）裙房的耐火等级不应低于二级，高层建筑地下室的耐火等级应为一级。

（1）以木柱承重且以非燃烧材料为墙体的建筑物，其耐火等级应按四级确定。

（2）在二级耐火等级的建筑中，面积不超过100m²的房间的隔墙，如执行规定有困难时，可采用耐火极限不低于0.3h的非燃烧体。

（3）一、二级耐火等级民用建筑疏散走道两侧的隔墙，如按规定执行有困难时，可采用耐火极限不低于0.7h的非燃烧体。

（4）承重构件为非燃烧体的工业建筑（甲、乙类库房和高层库房除外），其非承重外墙为非燃烧体时，其耐火极限可降低到0.25h，为难燃烧体时，可降低到0.5h。

（5）二级耐火等级建筑的楼板（高层工业建筑的楼板除外）如耐火极限达到1.0h有困难时，可降低到0.5h。允许上人的二级耐火等级建筑的平屋顶，其屋面板的耐火极限不应低于1.0h。

（6）二级耐火等级建筑的屋顶如采用耐火极限不低于0.5h的承重构件有困难时，可采用无保护层的金属构件。但甲、乙、丙类液体火焰能烧到的部位，应采取防火保护措施。

5.3　建筑防火分区

防火分区是建筑物内用耐火极限较高的墙和楼板等作为边界构件、在一定时间内阻止火势向该建筑其他区域蔓延的防火单元。建筑防火分区的面积大小应考虑建筑物的使用性质、建筑物高度、火灾危险性、消防扑救能力等因素。因此，对于多层民用建筑、高层民用建筑、工业建筑的防火分区其划定有不同的标准。

我国现行《建筑设计防火规范》对多层民用建筑防火分区的面积作了如下规定，如表5-3所示。在划分防火分区面积时还应注意以下几点：建筑内设有自动灭火设备时，每层最大允许建筑面积可按表5-3中的规定增加一倍；局部设有自动灭火设备时，增加面积可按该局部面积的一倍计算。

表 5-3　民用建筑的耐火等级、层数及占地面积规定

耐火等级	最多允许层数	防火分区		备　　注
		最大允许长度 /m	每层最大允许建筑面积 /m²	
一、二级	不限	150	2500	（1）体育馆、剧院建筑等的观众厅、展厅的长度和面积可以根据需要确定； （2）托儿所、幼儿园的儿童用房及儿童游乐厅等儿童活动场所不应设置在四层及四层以上或地下、半地下建筑内
三级	5 层	100	1200	（1）托儿所、幼儿园的儿童用房及儿童游乐厅等儿童活动场所和医院、疗养院的住院部分不应设在三层及三层以上或地下、半地下建筑内； （2）商店、学校、电影院、剧院、礼堂、食堂、菜市场不应超过2层
四级	2 层	60	600	学校、食堂、菜市场、托儿所、幼儿园、医院等不应超过1层

5.3.1　防火分区的划分原则

划分防火分区除必须满足防火设计规范中规定的面积及构造要求外，尚应满足下列要求：

（1）作为避难通道使用的楼梯间、前室和具有避难功能的走廊，必须保证其不受火灾的侵害，并时刻保持畅通无阻。

（2）在同一个建筑物内，各危险区域之间、不同的功能区之间、办公用房和生产车间之间等应当进行防火分隔。

（3）高层建筑中的电缆井、管道井、垃圾井等应是独立的防火单元，应保证井道外部的火灾不得传入井道内部，同时井道内部的火灾也不得传到井道外部。

（4）有特殊防火要求的建筑，如医院等，在防火分区之内应设置更小的防火区域。

（5）高层建筑在垂直方向应以每个楼层为单元划分防火分区。

（6）所有建筑的地下室，在垂直方向应以每个楼层为单元划分防火分区。

（7）为扑救火灾而设置的消防通道，其本身应受到良好的防火保护。

（8）设有自动喷水灭火系统的防火分区，其面积可以适当扩大。

5.3.2　主要防火分隔构件

防火分隔构件可以分为固定式和活动式两类。固定式有普通的砖墙、楼板、防火墙、防火悬墙、防火墙带等，活动式的有防火门、防火窗、防火卷帘、防火垂壁等。防火分区之间应采用防火墙进行分隔，但若设置防火墙有困难，可采用防火水幕带或防火卷帘加水幕进行分隔。

5.3.2.1　防火墙

防火墙是一种具有一定耐火极限的非燃烧体墙壁。普通民用建筑防火墙的耐火极限应不少于4.0h、高层民用建筑的耐火极限为3.0h。

为了有效发挥隔火作用，防火墙应直接设置在建筑基础上或钢筋混凝土的框架上，应截断燃烧体或难燃烧体的屋顶结构，应高出非燃烧体层面不小于40cm，高出燃烧体或难燃烧体层面不小于50cm。在建筑物的一些特殊部位还应采取一些有针对性的防护措施，例如防火墙中心距天窗端面的水平距离应小于4cm，建筑物内的防火墙不应设在转角处等。

在防火墙内不应设置排气道。对于民用建筑如必须设置时，其两侧的墙身截面厚度均不应小于12cm；防火墙上不应开设门窗洞口，如必须开设时，应采用能自行关闭的甲级防火门窗；可燃气体和甲、乙、丙类液体管道不应穿过防火墙，其他管道如必须穿过时，应用非燃烧体材料将缝隙紧密填塞。

5.3.2.2　防火门

防火门是具有一定耐火极限且在发生火灾时能自行关闭的门。按照耐火极限，可以分为甲、乙、丙三级，其耐火极限分别是1.2h、0.9h、0.6h；按照燃烧性能，可以分为非燃烧体防火门和难燃烧体防火门。

防火门不仅应有较高的耐火极限，而且还应当关得严密，保证不窜烟、不窜火。

5.3.2.3　防火窗

防火窗是采用钢窗框、钢窗扇及防火玻璃制成的窗户，能起到阻止火势蔓延的作用。防火窗可分固定窗扇与活动窗扇两种形式。固定窗扇式防火窗不能开启，平时可以采光，发生火灾时可以阻止火势蔓延；活动窗扇式防火窗，能够开启和关闭，平时还可以采光和遮挡风雨，起火时可以自动关闭，阻止火势蔓延，开启后可以排除烟气。

5.3.2.4　防火卷帘

防火卷帘是将钢板、铝合金板等板材用扣环或铰接方法组成的可以卷绕的链状平面，平时卷起放在门窗上口的转轴箱中，起火时卷帘展开，从而可以防止火势蔓延。

用作建筑防火分区或防火分隔的防火卷帘，与一般卷帘在性能要求上的根本区别是它必须具备必要的燃烧性能和耐火极限以及防烟性能等。

防火卷帘有轻型、重型之分。轻型卷帘钢板的厚度为0.5~0.6mm，重型卷帘钢板的厚度为1.5~1.6mm。厚度为1.5mm以上的卷帘适用于防火墙或防火分隔墙上，厚度为0.8~1.5mm的卷帘适用于楼梯间或电动扶梯的隔墙。

防火卷帘按帘板构造可分为普通型钢质防火卷帘和复合型钢质防火卷帘。前者由单片钢板制成；后者由双片钢板制成，中间加隔热材料。代替防火墙时，如耐火极限达到3.0h以上，可省去水幕保护系统。

防火卷帘由帘板、滚筒、托架、导轨及控制机械组成。整个组合体包括封闭在滚筒内的运转平衡器、自动关闭机构、金属罩及帘板部分。由帘板阻挡烟火和热气流。卷帘的卷起方法，有电动式和手动式两种。手动式常采用拉链控制。电动式卷帘是在转轴处安装电动机，电动机由按钮控制，一个按钮可以控制一个或几个卷帘门，也可以对所有卷帘进行远距离控制。

5.4 火灾探测与报警技术

5.4.1 火灾自动报警系统组成及工作原理

火灾自动报警系统由触发器件（探测器、手动报警按钮）、火灾报警装置（火灾报警控制器）、火灾警报装置（声光报警器）、控制装置（包括各种控制模块）等构成。火灾自动报警系统，应该能在火灾发生的初期，自动（或手动）发现火情并及时报警，以不失时机地控制火情的发展，将火灾的损失降低到最低限度。火灾自动报警系统是消防控制系统的核心部分。

5.4.2 火灾自动报警系统的分类

火灾自动报警系统应根据建筑的规模大小和重点防火部位的数量多少分别采用区域火灾报警系统、集中火灾报警系统和控制中心火灾报警系统。

5.4.2.1 区域报警系统

区域报警系统由区域报警控制器和火灾探测器组成，见图5-1。一个报警区域宜设置1台区域报警控制器。系统中区域报警控制器不应超过3台。这是由于没有设置集中报警控制器的区域报警系统中，如火灾报警区域过多又分散时，不便于监控和管理。

当用1台区域报警控制器警戒数个楼层时，应在每层各楼梯口明显部位装设识别楼层的灯光显示装置，以便发生火警时能很快找到着火楼层。

区域报警控制器安装在墙上时，其底边距离地面的高度不应小于1.5m；靠近其门轴的侧面距墙不

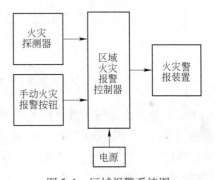

图5-1 区域报警系统图

应小于0.5m，正面操作距离不应小于1.2m，便于开门检修和操作。区域报警控制器的容量不应小于报警区域内的探测区域总数。

区域报警系统简单且使用广泛，一般在工矿企业的计算机房等重要部位和民用建筑的塔楼公寓、写字楼等处采用区域报警系统。另外，区域报警系统还可作为集中报警系统和控制中心系统中最基本的组成设备。

塔楼式公寓火灾自动报警系统如图5-2所示。目前区域系统多数由环状网络构成（如图右边所示），也可能是枝状线路构成（如图左边所示），但必须加设楼层报警确认灯。

5.4.2.2 集中报警系统

集中报警系统是由集中火灾报警控制器、区域报警控制器和火灾探测器组成的火灾自动报警系统，见图5-3。系统中应设一台集中火灾报警控制器和两台以上区域报警控制器。集中火灾报警控制器须从后面检修，安装时其后面的板墙不应小于1m，当其一侧靠墙安装时，另一侧距墙不应小于集中报警器的正面操作距离：当设备单列布置时不应小于1.5m，双列布置时不应小于2m，在值班人员经常工作的一面，控制盘距墙不应小于3m。集中报警控制器应设在有人值班的专用房间或消防值班室内。集中报警控制器的容量不宜

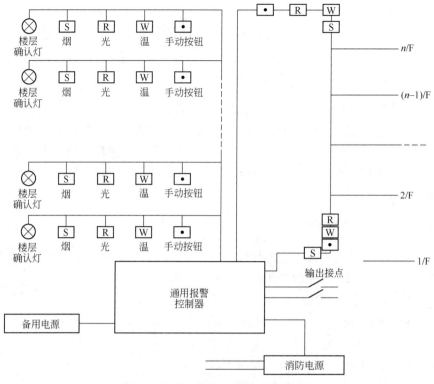

图 5-2　塔楼式公寓火灾自动报警系统

小于保护范围内探测区域总数。集中报警控制器不直接与探测器发生联系，它只将区域报警控制器送来的火警信号以声光显示出来，并记录火灾发生时间，将火灾发生时间、部位、性质打印出来，同时自动接通专用电话进行核查，并向消防部门报告，自动接通事故广播，指挥人员疏散和扑救。

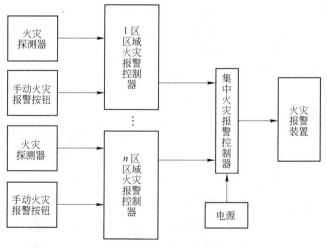

图 5-3　集中报警系统

5.4.2.3　控制中心报警系统

如图 5-4 所示，控制中心报警系统由设置在消防控制室的消防控制设备、集中报警控制器、区域报警控制器和火灾探测器组成。

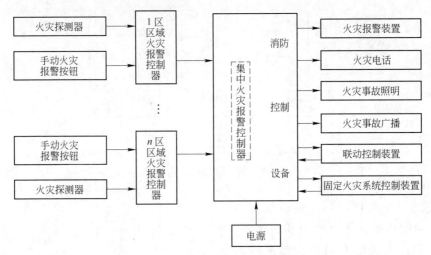

图 5-4　控制中心报警系统

系统中应至少有一台集中报警控制器和必要的消防控制设备。设置在消防控制室以外的集中报警控制器，均应将火灾报警信号和消防联动控制信号送至消防控制室。

控制中心报警系统适用于建筑规模大、需要集中管理的群体建筑及超高层建筑。其特点是：

（1）系统能显示各消防控制室的总状态信号并负责总体灭火的联络与调度；

（2）系统一般采用二级管理制度。

5.4.3　常见火灾探测器的工作原理

火灾探测器是火灾自动报警系统的检测元件，它将火灾初期所产生的烟、热、光转变为电信号，输入火灾自动报警系统，经过火灾自动报警系统处理后，发出报警或相应的动作。

众所周知，火灾是一种伴随有光、热的化学反应过程，火灾过程中会产生大量的有毒的热烟气和高温火焰。根据火灾的燃烧特性，火灾探测器可分为感烟型、感温型、感光型、复合型、智能型、可燃气体火灾探测器等类型。根据火灾探测器监控区域的大小，可分为点型和线型火灾探测器。

5.4.3.1　点型感烟探测器

感烟火灾探测器是目前世界上应用较普遍、数量较多的探测器。据了解，感烟火灾探测器可以探测 70% 以上的火灾。根据工作原理，感烟探测器可以分为离子感烟探测器和光电感烟探测器两种。其中以离子感烟火灾探测器应用较为广泛。

A　离子感烟火灾探测器

离子感烟探测器由检测电离室和补偿电离室、信号放大回路、开关转换回路、火灾模拟检查回路、故障自动监测回路、确认灯回路等组成。其原理见图 5-5。

检测电离室和补偿电离室由两片放射性物质镅（^{241}Am）α 源构成。当有火灾发生时，烟雾粒子进入检测电离室后，被电离的部分正离子和负离子吸附到烟雾离子上去，一

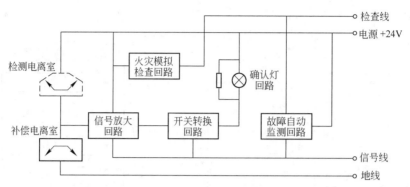

图 5-5　离子感烟探测器原理

方面造成离子在电场中运动速度降低，而且在运动中正负离子互相中和的概率增加，使到达电极的有效离子数减少；另一方面，由于烟雾粒子的作用，射线被阻挡，电离能力降低，电离室内产生的正负离子数减少。两方面的综合作用，宏观上表现为烟雾粒子进入检测电离室后，电离电流减少，施加在两个电离室两端电压的增加，见图 5-6。

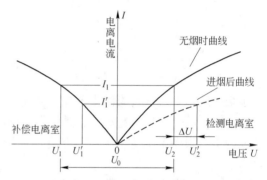

图 5-6　检测电离室和补偿电离室电压-电流特性曲线

当电压增加到规定值以上时开始动作，通过场效应晶体管（FET）作为阻抗耦合后将电压信号放大，进而通过开关转换回路将放大后的信号触发正反馈开关，将火灾信号传输给报警器，发出声光报警信号。

B　光电感烟火灾探测器

它是对能影响红外、可见和紫外电磁波频谱区辐射的吸收或散射的燃烧物质敏感的探测器。光电式感烟探测器根据其结构和原理分为散射型和遮光型两种。新型光电感烟探测器如激光感烟探测器、红外光束线形感烟探测器也均利用了光散射原理。

（1）散射式光电感烟探测器。散射式光电感烟探测器由发光元件、受光元件和遮光体组成的检测室、检测电路、振荡电路、信号放大电路、抗干扰电路、记忆电路、与门开关电路、确认电路、扩展电路、输出（入）电路和稳压电路等组成。

正常情况下，受光元件接受不到发光元件发出的光，因此不产生光电流。火灾发生时，当烟雾进入探测器的检测室时，由于烟粒子的作用，发光元件发生光散射并被受光元件接受（见图 5-7），使受光元件阻抗发生变化（见图 5-8），产生光电流，从而实现了将光信号转化成电信号的功能。此信号与振荡器送来的周期脉冲信号复核后，开关电路导通，探测器发出火警信号。

散射式光电感烟探测器的原理方框图见图 5-9。

（2）遮光型光电感烟探测器。其又称减光型光电感烟探测器。正常情况下，光源发出的光通过透镜聚成光束，照射到光敏元件上，并将其转换成电信号，使整个电路维持正常状态，不发生报警。发生火灾有烟雾存在时，光源发出的光线受粒子的散射和吸收作用，使光的传播特性改变，光敏元件接受的光强明显减弱，电路正常状态被破坏，则发出声光报警。

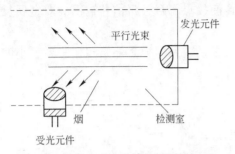

图 5-7　散射光式光电感烟探测器原理

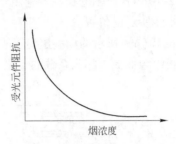

图 5-8　受光元件阻抗随烟气浓度变化曲线

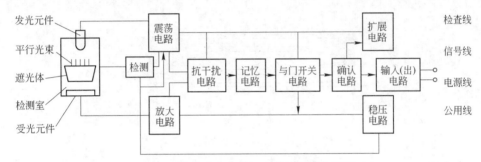

图 5-9　散射式光电感烟火灾探测器方框图

C　红外光束线型火灾探测器

线型火灾探测器是响应某一连续线路附近的火灾产生的物理或化学现象的探测器。红外光束线型感烟火灾探测器的原理是应用烟粒子吸收或散射现象，使红外光束强度发生变化，从而实现火灾探测。

在正常情况下，红外光束探测器的发射器发送一个不可见的、波长为 940mm 的脉冲红外光束，它经过保护空间不受阻挡地射到接受器的光敏元件上。当发生火灾时，由于受保护空间的烟雾气溶胶扩散到红外光束内，使到达接受器的红外光束衰减，接受器接受的红外光束辐射通量减弱，当辐射通量减弱到预定的感烟动作阈值时，如果保持衰减 5s（或 10s）时间，探测器立即动作，发出火灾报警信号。

红外光束线型火灾探测器保护面积大，尤其适宜保护难以使用点型探测器甚至根本不可能使用点型探测器的场所。

5.4.3.2　点型感温探测器

感温式火灾探测器是响应异常温度、温升速率和温差等参数的探测器。感温式火灾探测器按原理可分为定温、差温、差定温组合式三种。

A　点型定温式火灾探测器

当监测点环境温度达到某一温度值时，点型定温式火灾探测器即动作。其结构原理如图 5-10 所示。

利用不同膨胀系数双金属片的弯曲变形，达到感温报警的目的，这种探测器的结构见图 5-10(a)。它是利用两种膨胀系数不同的金属片制成。随着火场温度的升高，金属片受热，膨胀系数大的金属片就要向膨胀系数小的金属片方向弯曲，使接点闭合，将信号输出。

图5-10（b）所示的探测器利用双金属的反转使接点闭合，将信号输出。双金属反转后处于虚线所示的位置。

图5-10（c）所示的点型定温火灾探测器由膨胀系数大的金属外筒和膨胀系数小的内部金属板组合而成，膨胀系数的不同使得接点闭合。

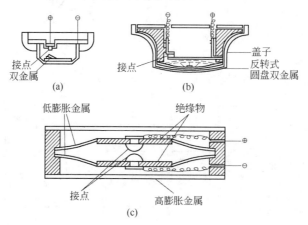

图5-10 点型定温式火灾探测器

电子定温火灾探测器。电子定温火灾探测器采用特制半导体热敏电阻作为传感器件。这种热敏电阻在室温下具有较高的阻值，可以达到 $1M\Omega$ 以上。随着火场温度的升高，热敏电阻的阻值缓慢下降，当达到设定的温度点时，临界电阻值迅速减至几十欧姆，信号交流迅速增大，探测器发出报警信号。常见的 JTW-DZ-262/062 电子定温探测器原理见图5-11。

B 点型差温式火灾探测器

图5-12 所示为一种常用的膜盒式点型差温式探测器结构示意图。点型差温式探测器主要由感热室、膜片、泄漏孔及接点构成。当火灾发生时，如果环境温度变化缓慢，泄漏孔的作用使得感热室内的空气泄漏，膜片保持不变，接点不会闭合。随周围火场温度的急剧上升，感热室内的空气迅速膨胀，当达到规定的升温速率以上时，膜片受压使接点闭合，发出火警信号。

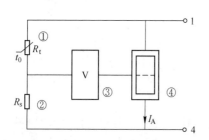

图5-11 JTW-DZ-262/062 电子定温探测器原理
　　①—热敏电阻 CTR；②—采样电阻；
　　③—阈值电路；④—双稳电路

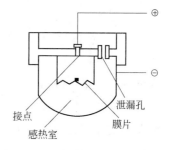

图5-12 膜盒式点型差温式探测器

C 点型差定温式火灾探测器

（1）膜盒式差定温式探测器。膜盒式差定温式探测器综合了差温式和定温式两种探测器的作用原理，其结构原理见图 5-13。

（2）电子差定温式探测器。图 5-14 为常用的电子差定温式探测器工作原理框图。电子差定温式探测器采用 2 只 NTC 热敏电阻，其中取样电阻 R_M 位于监视区域的空气环境中，参考电阻 R_R 密封于探测器内部。当外界温度缓慢地上升时，R_M 和 R_R 均有响应，此时，探测器表现为定温特性。当外界温度急剧升高时，R_M 阻值迅速下降，R_R 阻值变化缓慢，探测器表现为差温特性，达到预定值时，探测器发出报警信号。差定温式探测器对快升温响应更为灵敏，所以不宜安装在平时温度变化较大的场合，如锅炉房、厨房等，这种场所应适用定温式探测器。但对于汽车库、小会议室等场所，二者可等同使用。

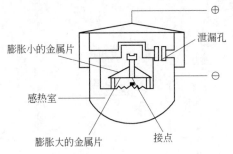

图 5-13 膜盒式点型差定温式探测器

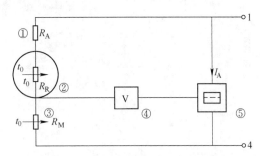

图 5-14 电子差定温式探测器原理图

①—调整电阻；②—参考电阻 NTC；③—采样电阻 NTC；
④—阈值电路；⑤—双稳态电路

5.4.3.3 点型火焰探测器

点型火焰探测器是一种对火焰中特定波段（红外、可见和紫外谱带）中的电磁辐射敏感的火灾探测器，又称感光探测器。因为电磁辐射的传播速度极快，这种探测器对快速发生的火灾或爆炸能及时响应，是对易燃、可燃液体火灾探测的理想探测器。响应波长低于 400nm 辐射能通量的探测器称紫外火焰探测器，响应波长高于 700nm 辐射能通量的探测器称作红外火焰探测器。

紫外线火灾探测器结构见图 5-15。紫外线火灾探测器原理见图 5-16。

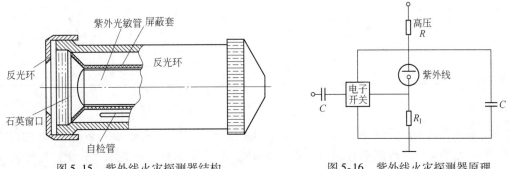

图 5-15 紫外线火灾探测器结构

图 5-16 紫外线火灾探测器原理

探测器采用圆柱状紫外光敏元件，当它接收到 185～245nm 的紫外线时，产生电离作用，紫外光敏管开始放电，使光敏管的内电阻变小，导电电流增加，使电子开关导通，光敏管工作电压降低。当降低到着火电压以下时，光敏管停止放电，导电电流减少，电子开关断开，此时电源电压通过 RC 电路充电，又使光敏管的工作电压升高到着火电压以上，又重复上述过程。这样就产生了一串脉冲，脉冲的频率与紫外线强度成正比，同时还与电路参数有关。

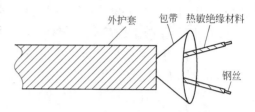

图 5-17   缆式线型定温探测器构造

5.4.3.4   线型火灾探测器

A   缆式线型定温探测器

缆式线型定温探测器构造及原理框图分别如图 5-17、图 5-18 所示。

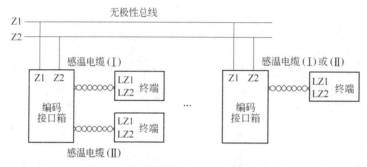

图 5-18   智能缆式线型定温探测器系统

它主要由智能缆式线型定温探测器编码接口箱、热敏电缆及终端模块三部分构成一个报警回路。在每一个热敏电缆中有一个极小的电流流动。当热面电缆线路上任何一点的温度上升达额定动作温度时，其绝缘材料溶化，两根钢丝互相接触，此时报警回路电流骤然增大，报警控制器发出声、光报警的同时，数码管显示火灾报警的回路号和火警的距离（即热敏电缆动作部分的米数）。报警后，经人工处理热敏电缆可重复使用。缆式线型定温探测器的动作温度如表 5-4 所列。

表 5-4   缆式线型定温探测器的动作温度

安装地点允许的温度范围/℃	额定动作温度/℃	备 注
−30~40	68±10	应用于室内、可架空及靠近安装使用
−30~50	85±10	应用于室内、可架空及靠近安装使用
−40~75	105±10	适用于室内、外
−40~100	138±10	适用于室内、外

B   空气管线型差温式探测器

这是一种感受温升速率的火灾探测器，由敏感元件空气管——$\phi 3mm \times 0.5mm$ 的纯铜管、传感元件膜盒和电路部分组成，见图 5-19。正常状态下，气温正常，受热膨胀的气体能从传感元件泄气孔排出，不推动膜盒片，动、静接点不闭合；当发生火灾时，保护区域温度快速升高，使空气管感受到温度变化，管内空气受热膨胀，且空气无法立即排出，膜盒内压力增加推动膜片，动、静接点闭合，接通电路，输出报警信号。

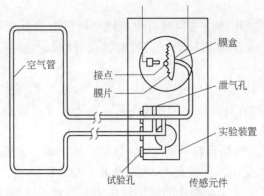

图 5-19　空气管线型差温式探测器

空气管线型差温式探测器的灵敏度为三级。灵敏度不同，其适用场所也不同，如表 5-5 所示。

表 5-5　空气管线型差温式探测器灵敏度分级及适用场所

灵敏度级别	动作温升速率 /℃ · min⁻¹	不动作温升速率 /℃ · min⁻¹	适 用 场 所
1	7.5	1℃/min 持续上升 10min	书库、仓库、电缆隧道、地沟等温度变化率较小的场所
2	15	2℃/min 持续上升 10min	暖房设备等温度变化较大的场所
3	30	3℃/min 持续上升 10min	消防设备中要与消防泵自动灭火装置联动的场所

以上所描述的差温和定温感温探测器中，除缆式线型定温式探测器因其特殊的用途还在使用外，其余均已被差定温组合式探测器所取代。

5.5　灭 火 技 术

5.5.1　灭火原理

燃烧是一种放热、发光和快速的化学连锁反应。要使物质连续燃烧，必须具备四个必要条件：可燃物（还原剂）；助燃物（氧化剂）；点火源（温度）；化学链反应。因此，一切灭火措施所使用的灭火剂，就是为破坏已形成的燃烧条件（一种或几种），才能使物质燃烧中止。现有的灭火方法有以下四种：冷却；隔离；窒息；化学抑制。前三种属物理方法灭火，第四种属化学方法灭火，各种灭火剂都是通过其中的一种或几种的综合作用扑灭火灾。

（1）冷却灭火。将固体燃烧物质的温度降低到燃点以下，火焰将被熄灭，燃烧停止。将可燃液体冷却到闪点以下，可燃液体不能挥发出足以维持燃烧的蒸气，火灾将被扑灭。冷却效果最好的灭火剂是水，它在一般火灾中应用最广。

（2）隔离灭火。将正在燃烧的物质与可燃物隔离，使燃烧区无可燃物供应而熄灭。使用泡沫覆盖在未着火的易燃液体表面，把燃烧区与液面隔离开，阻止可燃蒸气进入燃烧区。石油化工装置及其输送管道（特别是气体管路）发生火灾时，关闭易燃、可燃液体的来源，将易燃、可燃液体或气体与火焰隔开，待残余的易燃、可燃液体（或气体）烧尽后，火灾就被扑灭。

（3）窒息灭火。可燃物燃烧必须具有维持燃烧所需的最低氧浓度；低于这个浓度，燃烧就不能继续进行，火灾即被扑灭。一般碳氢化合物的气体或蒸气，在氧浓度小于12%时不能维持燃烧。

窒息灭火就是在火场空气中，充入 CO_2、N_2、水蒸气等，使空气中的氧浓度低于12%，火灾自动熄灭，如在计算机房使用 CO_2 灭火、石油化工设备中以 N_2 保护、在高温设备区以水蒸气灭火等。

（4）化学抑制灭火。使用含氟（F）、氯（Cl）、溴（Br）的卤族化学灭火剂喷向火焰，让灭火剂参与燃烧反应，并在燃烧中放出 Br、Cl、F 分子，与活化分子（O、H、OH）碰撞，使活化分子惰化，燃烧中的连锁反应中断，直至燃烧物完全停止。卤代烷灭火剂常用于贵重设备与计算机房等的灭火。

在上述四种灭火原理中，最重要与应用最多的是冷却法和隔离法。单纯的窒息法或化学抑制法，因受自然条件或受灭火剂本身作用的限制，在火势较大时，不能根本消除火灾；因此，一般仅用以火灾初起时。

常用灭火剂可分为液体灭火剂、气体灭火剂和固体灭火剂三大类。其中，液体灭火剂包括水基灭火剂和泡沫灭火剂；气体灭火剂包括卤代烷灭火剂、新型环保型气体灭火剂和二氧化碳灭火剂；固体灭火剂仅有干粉灭火剂。

5.5.2　灭火剂主要类型与特点

灭火剂是发生火灾时不可或缺的一种灭火器材设施，灭火剂的工作原理是通过各种途径有效地破坏燃烧条件，使燃烧中止。

灭火剂有很多种类，根据灭火机理不同，灭火剂大体可分为物理灭火剂和化学灭火剂两种。物理灭火剂在灭火过程中起窒息、冷却和隔离火焰的作用，虽然它并不参与燃烧反应，但可以降低燃烧混合物温度，稀释氧气，隔离可燃物，从而达到灭火的效果。物理灭火剂包括水、泡沫、二氧化碳、氮气、氩气及其他惰性气体。化学灭火剂参与燃烧反应，通过在燃烧过程中抑制火焰中的自由基连锁反应达到抑制燃烧的目的。化学灭火剂主要有卤代烷灭火剂、干粉灭火剂等多种。按照它们的物理状态，它也可分为气体灭火剂（二氧化碳等）、液体灭火剂（水、泡沫等）和固体灭火剂（干粉、烟雾等）。

当然灭火剂的使用会对环境有一定的影响，但是随着科学技术的发展，灭火剂不断改进更新，研制成功的许多新型灭火剂使灭火剂灭火性能进一步提高，并逐步消除了一些对环境的不良影响。

5.5.2.1　水（及水蒸气）

水是不燃液体，它的来源丰富，取用方便，价格便宜，是最常用的天然灭火剂。水既可以单独使用，也可以与不同的化学剂组成混合液使用。

A　水的灭火原理

（1）冷却作用。水的比热容较大（为 $4.2kJ/(kg \cdot K)$），是木炭比热的 5 倍，是一般金属比热的 10 倍。它的蒸发潜热也较大。当常温水与炽热的燃烧物接触时，在被加热和汽化过程中，会大量吸收燃烧物的热量，使燃烧物因温度降低而灭火。

（2）窒息作用（稀释作用）。在密闭的房间或设备中，这个作用比较明显。水汽化成水蒸气，体积扩大很多（1L 水能汽化成 1700L 水蒸气），可稀释燃烧区中的可燃气（蒸气）与氧气，它们的浓度下降，从而使可燃物因"缺氧"而停止燃烧。

（3）隔离作用。在密集水流的机械冲击作用或水蒸气笼罩下，将可燃物与点火源分隔开来而灭火。

此外，水对水溶性的可燃气（蒸气）还有吸收作用，这对灭火也有意义。

B　水灭火剂的优缺点

水的优点有：

（1）与其他灭火剂比，比热容较大，冷却作用显著；

（2）价格便宜；

（3）易于远距离输送；

（4）在化学上呈中性，对人无毒、无害。

水的缺点有：

（1）在零度下会结冰，当泵暂时停止供水时，会在管道中形成冰冻堵塞；

（2）对很多物品如档案、图书、珍贵物品等，有破坏作用；

（3）许多物品经水浸湿后会膨胀变重，有可能使楼板发生危险，如书库、棉布或棉花仓库等；

（4）用水扑救橡胶粉、煤粉等物品的火灾时，由于水不能或很难浸透燃烧介质，因而灭火效率很低。必须向水中添加润湿剂才能弥补以上不足。

C　用水灭火的几种形式

（1）普通无压力水，用容器盛装，人工浇到燃烧物上；

（2）加压的密集水流，灭火效果比普通无压力水好；

（3）雾化水，它的喷射面广，因水成雾滴状，吸热量大，灭火效果更好；

（4）水蒸气。

D　水灭火剂的使用范围及其禁忌使用范围

水灭火剂的使用范围较为广泛，适于扑救下列各种火灾：

（1）一般可燃固体物质火灾，如木材、煤炭、橡胶、纸张、棉麻、粮草及其制品、堆垛及建（构）筑物等的火灾；

（2）相对密度大于水的可燃液体火灾，如二硫化碳、溴代烷等；

（3）石油和天然气井喷火灾等。

禁忌使用范围如下：

（1）忌水性物质，如轻金属、电石等着火不能用水扑救，因为它们能与水起化学反应，生成可燃性气体及放热，扩大火势甚至导致爆炸；

（2）不溶于水且相对密度比水小的易燃液体如汽油、煤油等着火不能用水扑救，但原油、重油可用雾状水扑救；

（3）水不能扑救带电设备火灾，也不能扑救可燃性粉尘聚集处的火灾；

（4）不能用密集水流扑救储存有大量浓硫酸、浓硝酸场所的火灾，因为水流能引起酸的飞溅、流散，遇可燃物质后有引起二次燃烧的危险；

（5）高温设备着火不宜用水扑救，因为这会使金属机械强度受到影响；

（6）精密仪器设备、贵重文物档案、图书着火，不宜用水扑救。

以上各条不是绝对的。在一些特定条件下，采取适当措施，采用水的适当形式（如雾状水、水蒸气等）可以扑救一些原来不能用水扑救的火灾。

5.5.2.2 泡沫灭火剂

凡能与水混溶，并可通过化学反应或机械方法产生泡沫的灭火药剂，统称为泡沫灭火剂。

A 泡沫灭火剂分类

按照生成泡沫的机理，泡沫灭火剂可以分为化学泡沫灭火剂和空气机械泡沫灭火剂（简称"空气泡沫灭火剂"）两大类。空气泡沫灭火剂按泡沫的发泡倍数，又可分为低倍数泡沫、中倍数泡沫和高倍数泡沫三类，根据发泡剂的类型和用途，低倍数泡沫又分为五种类型，参见表5-6。

表5-6 泡沫灭火剂分类

泡沫灭火剂			
泡沫灭火剂	空气泡沫灭火剂	化学泡沫灭火剂	
		高倍数泡沫灭火剂（发泡倍数：200～1000倍）	
		中倍数泡沫灭火剂（发泡倍数：20～200倍）	
		低倍数泡沫灭火剂（发泡倍数：<20倍）	蛋白泡沫灭火剂
			氟蛋白泡沫灭火剂
			水成膜泡沫灭火剂
			合成泡沫灭火剂
			抗溶泡沫灭火剂

B 化学泡沫

化学泡沫是由酸性物质和碱性物质及泡沫稳定剂相互作用而成的膜状气泡群，气泡内主要是二氧化碳气体。空气泡沫又称机械泡沫，是由一定比例的泡沫液、水和空气在泡沫发生器中进行机械混合搅拌而生成的膜状气泡群，泡内一般为空气。

化学泡沫虽然具有良好的灭火性能，但由于化学泡沫灭火设备较为复杂、投资大、维护费用高，近年来多采用灭火设备简单、操作方便的空气机械泡沫。

（1）普通蛋白泡沫灭火剂（简称蛋白泡沫灭火剂）。蛋白泡沫灭火剂是一种黑褐色的黏稠液体，其是以动物蛋白质或植物蛋白质的水解浓缩液为基料（发泡剂）并加入适量稳定剂、防腐剂、防冻剂等制成的。目前它是我国生产量最大、应用最广泛的扑救油类火灾的灭火剂。蛋白泡沫灭火剂具有较好的热稳定性，灭火效果较好。但其抵抗燃烧污染的能力较低，灭火缓慢，不能与干粉灭火剂联用，不能用于液下喷射灭火。

（2）氟蛋白泡沫灭火剂。氟蛋白泡沫灭火剂保持了蛋白泡沫灭火剂的优点，并克服了一些缺点，已经成为广泛使用的灭火剂之一。氟蛋白泡沫灭火剂由水解蛋白、氟碳表面活性剂、碳氢表面活性剂、溶剂及防冻剂等成分组成。其中表面活性剂的作用是提高泡沫的疏油性能和流动性能，以提高灭火剂的灭火性能。因此氟蛋白泡沫灭火剂与蛋白泡沫灭火剂相比，具有以下优点：

1）灭火效率高，比同体积的蛋白泡沫灭火剂灭火效率高1倍。

2）能与干粉灭火剂联用，且在同样灭火条件下，两者联用时，灭火时间比单独用氟蛋白泡沫灭火剂时要缩短一半。

3）疏油性强，即抵抗燃烧污染的能力强，这使其适宜在液下喷射灭火。

4）流动性能好，可大大缩短泡沫封闭液面的时间，提高灭火效率。

（3）水成膜泡沫灭火剂。水成膜泡沫灭火剂是由氟碳表面活性剂和无氟表面活性剂、改进泡沫性能的各种添加剂（稳定剂、防冻助溶剂和增稠剂等）及水组成。

水成膜泡沫灭火剂按一定比例与水混合，形成的混合液在压力作用下通过泡沫发生器生成"轻水"泡沫。其灭火作用是通过泡沫与水膜双重作用实现的。水成膜泡沫灭火剂具有极好的流动性，可与各种干粉灭火剂联用，是目前灭火效率最高，灭火速度最快的低倍数泡沫灭火剂。

（4）抗溶性泡沫灭火剂。用于扑救水溶性可燃液体的泡沫灭火剂称为抗溶性泡沫灭火剂。

水溶性可燃液体（如醇、酯、醚、酮、醛、有机酸及胺等），由于其分子极性较强，能大量吸收泡沫中的水分，使蛋白泡沫、氟蛋白泡沫与水成膜泡沫很快被破坏而失去灭火作用。因此水溶性可燃液体火灾必须使用抗溶性泡沫灭火剂进行扑救。

抗溶性泡沫灭火剂主要有三种类型：金属皂型抗溶性泡沫灭火剂、凝胶型抗溶性泡沫灭火剂和多功能氟蛋白泡沫灭火剂。

C 泡沫灭火剂灭火原理

（1）由于泡沫中充填大量气体，相对密度小（0.01～0.5），可漂浮于液体的表面，或附着于一般可燃固体表面，形成一个泡沫覆盖层，使燃烧物表面与空气隔绝；阻断了火焰的辐射热；阻止燃烧物本身或附近可燃物质的蒸发，起到隔离和窒息作用。

（2）泡沫析出的水和其他液体有冷却作用。

（3）泡沫受热蒸发产生的水蒸气可降低燃烧物附近的氧浓度。

D 泡沫灭火剂适用范围

（1）泡沫灭火剂主要用于扑救各种不溶于水的可燃、易燃液体如石油产品等的火灾，也可用来扑救木材、纤维、橡胶等固体的火灾；

（2）高倍数泡沫有些特殊用途，如扑救船舶火灾、矿井水灾，消除放射性污染等；

（3）由于泡沫灭火剂中含一定量的水，所以不能用来扑救带电设备及忌水性物质引起的火灾。

5.5.2.3 二氧化碳及惰性气体灭火剂

由于二氧化碳（CO_2）具有不燃烧、不助燃、稳定性高、制造方便、价格低廉、不导电、便于灌装和储存等优点，二氧化碳灭火剂在消防工作上得到较为广泛的应用。

A 灭火原理

二氧化碳以液态形式加压充装于灭火器一钢瓶中。当它从灭火器中喷出时，突然减压，一部分液相 CO_2 绝热膨胀，汽化，吸收大量热，使另一部分 CO_2 迅速冷却成固体雪花状二氧化碳（"干冰"）。"干冰"温度直至降到-78.5℃，喷向着火处时，立即汽化，起到稀释氧浓度作用；由于汽化吸热又起到冷却作用，而且大量二氧化碳气笼罩在燃烧区周围，隔离了燃烧物与空气，还能起窒息作用。因此，二氧化碳的灭火效率也较高，当二氧化碳占空气含量的30%~35%时，燃烧就会停止。

B 二氧化碳灭火剂的优缺点及适用范围

优点有：

（1）不导电、不含水，可用于扑救电气设备和部分忌水性物质的火灾；

（2）无腐蚀性，灭火后不留痕迹，可用于扑救精密仪器、机械设备、图书、档案等的火灾。

缺点有：

（1）冷却作用较差，不能扑救阴燃火灾，且灭火后火焰有复燃可能；

（2）二氧化碳与碱金属（钠、钾）和碱土金属（镁）等在高温下会起化学反应，引起爆炸。

$$2Mg+CO_2 \Longrightarrow 2MgO+C$$

所以二氧化碳灭火剂不能扑救钾、钠、镁、铝、钛、锆、铀等金属及其氢化物火灾。

（3）二氧化碳膨胀时，能产生静电，有可能引燃着火；

（4）二氧化碳还可能使救火人员窒息。

除二氧化碳外，其他惰性气体如氮气、水蒸气，也可用作灭火剂。但基于其灭火原理，惰性气体灭火剂不能用于扑救硝化棉、赛璐珞、火药等本身含氧的化学物质的火灾。

5.5.2.4 干粉灭火剂（又称"粉末灭火剂"）

干粉灭火剂是比较新型的灭火剂，由于它的灭火效率比较高，因而用途日益广泛。干粉灭火剂是一种干燥的、易于流动的微细固体粉末，由能灭火的基料（90%以上）和防潮剂、流动促进剂、结块防止剂等添加剂组成。在救火中，干粉借助气体压力从容器中喷出，一般以粉雾形式灭火。

A 干粉灭火剂分类

干粉灭火剂按其使用范围分为普通和多用两大类。

（1）普通干粉灭火剂。普通干粉灭火剂主要适用于扑救可燃液体、气体及带电设备的火灾，即扑救B、C类火灾，又称"BC类干粉"。目前它的品种最多，生产、使用量最大。包括：

1）碳酸氢钠干粉（又称"钠盐干粉"）；

2）碳酸氢钾干粉（又称"紫钾盐干粉"）。

（2）多用干粉灭火剂。多用干粉灭火剂适用于扑救可燃固体、液体、气体和带电设备的火灾，即扑救A、B、C类火灾，又称"ABC类干粉"。它包括：

1）磷酸盐干粉；

2）磷酸铵与硫酸铵混合型干粉；

3）聚磷酸铵干粉等。

上述各类干粉为每种干粉灭火剂的基料，还要加入少量添加剂，如防潮剂、防结块剂、流动促进剂等。

B 干粉灭火剂灭火原理

（1）化学抑制作用。当粉粒与火焰中产生的自由基接触时，自由基被瞬时吸附在粉粒表面，并发生如下反应：

$$M(微粒)+\overset{\cdot}{O}H \longrightarrow MOH$$
$$MOH+\overset{\cdot}{H} \longrightarrow M+H_2O$$

这样，借助粉粒的作用，消耗了燃烧反应中的自由基（$\overset{\cdot}{H}$ 和 $\overset{\cdot}{O}H$）使其数量急剧减少而导致燃烧反应中断，使火焰熄灭。

（2）隔离作用。喷出的粉末覆盖在燃烧物表面上，能构成阻碍燃烧的隔离层。

（3）冷却作用和窒息作用。粉末在高温下，将放出结晶水或发生分解，这些都属吸热反应，而分解生成的不活泼气体又可稀释燃烧区的氧气浓度，起到冷却与窒息作用。

C 优缺点与适用范围

干粉灭火剂具有以下优点：

（1）化学干粉的物理化学性质稳定，无毒性、不腐蚀、不导电、易于长期储存；

（2）干粉适用温度范围广，能在−50～60℃的温度条件下储存与使用；

（3）干粉雾能防止热辐射，因而在大型火灾中，即使不穿隔热服也能进行灭火；

（4）干粉可用管道进行输送。

由于干粉具有上述优点，它除了适用于扑救易燃固体、液体、气体以及忌水性物质火灾外，也适用于扑灭油类、油漆以及电器设备的火灾（注意选择干粉类型）。

干粉灭火剂具有以下缺点：

（1）在密闭房间中，使用干粉时会形成强烈的粉雾，且灭火后留有残渣，因而不适于扑救精密仪器设备、旋转电机等的火灾；

（2）干粉的冷却作用较弱，不能迅速降低燃烧物品表面温度，容易发生复燃，因此不宜扑救深层火或潜伏火（阴燃）。为了防止复燃，可选择能与之联用的灭火剂（如氟蛋白泡沫、喷雾水等）合用。

此外，干粉灭火剂不能扑救自身含氧化合物（如硝化纤维素、过氧化物等）的火灾，不能扑救金属钾、钠、镁、铝、锆等的火灾。

5.5.2.5 灭火剂的选用

当发生火灾时，要视火灾类别和具体情况，根据表5-7及表5-8选用适当的灭火剂，以求最好的灭火效果。

表5-7 各类灭火剂适用范围

灭火剂种类			火 灾 种 类				
			木材等一般火灾	可燃液体火灾		带电设备火灾	金属火灾
				非水溶性	水溶性		
液体	水	直流	○	×	×	×	×
		喷雾	○	△	○	○	×
	水溶液	直流（加强化剂）	○	×	×	×	×
		喷雾（加强化剂）	○	○	○	×	×
		水加表面活性剂	○	△	△	×	×
		水加增黏剂	○	×	×	×	×
		水胶	○	×	×	×	×
		酸碱灭火剂	○	×	×	×	×

续表 5-7

灭火剂种类			火灾种类				
			木材等一般火灾	可燃液体火灾		带电设备火灾	金属火灾
				非水溶性	水溶性		
液体	泡沫	化学泡沫	○	○	△	×	×
		蛋白泡沫	○	○	×	×	×
		氟蛋白泡沫	○	○	×	×	×
		水成膜泡沫（亲水）	○	○	×	×	×
		合成泡沫	○	○	×	×	×
		抗溶泡沫	○	△	○	×	×
		高、中倍数泡沫	○	○	×	×	×
	特殊液体（7150 灭火剂）		×	×	×	×	○
不燃气体	二氧化碳		△	○	○	○	×
	氮气		△	○	○	○	×
固体	干粉	钠盐、钾盐 Monnex 干粉	△	○	○	○	×
		磷酸盐干粉	○	○	○	○	×
		金属火灾用干粉	×	×	×	×	○
	烟雾灭火剂		×	○	×	×	×

注："○"表示适用；"△"表示一般不用；"×"表示不适用。

表 5-8　各类物质火灾适用的灭火剂

物质种类、名称			灭火剂					备注
			水	泡沫	干粉	二氧化碳	沙土	
爆炸品			○				×	不可捂盖
氧化剂	无机氧化剂	过氧化钾、过氧化钠、过氧化钡、过氧化锶	×	×	○		○	
		其他无机氧化剂	○				○	先用沙土后用水
	有机氧化剂		×			○	○	盖沙后可用水
压缩气体和液化气体			○		○	○		
自燃物品	三乙基铝、三异丁基铝、四氢化硅		×	×	×		○	用 7150 灭火剂
	其他自燃物品		○	○			○	
遇水燃烧品	钠、钾、锂、钙、锶、金属氢化物、金属碳化物、镁铝粉		×	×		×	○	用 7150 灭火剂，也可用石墨等粉末灭火剂
	其他遇水燃烧物品		×	×			○	用 7150 灭火剂，也可用石墨等粉末灭火剂
液体	易燃液体		×	○	○		○	二硫化碳可用水
	可燃液体				○	○	○	宜用雾状水
固体及粉末	各种金属粉末，如镁、铝、钛粉；碱金属氨基化合物，如氨基化钠；铝镍合金氢化催化剂		×	×	×		○	用 7150 灭火剂，也可用石墨等粉末灭火剂

物质种类、名称		灭火剂					备　注
		水	泡沫	干粉	二氧化碳	沙土	
固体及粉末	硝化棉、赛璐珞	○			×		
	其他易燃固体	○	○			○	
	一般可燃固体，如木材、塑料等	○	○				
毒害品	锑粉、铍粉、磷化铝、磷化锌	×	×			○	盖沙后可用水、沙土
	氰化物、砷化物、有机磷农药	○	×			○	先用沙土后用水
	其他毒害品	○	○			○	先用沙土后用水
腐蚀品	酸性腐蚀物品	×			○	○	盖沙后可用水
	碱性及其他腐蚀物品	○				○	

注："○"表示效果好；"×"表示不能用；空白表示可以用，但效果差。

5.5.3　常见灭火系统工作原理

5.5.3.1　灭火系统分类

根据灭火剂和灭火原理的不同，建筑消防灭火系统可分为室内（外）消火栓给水系统、自动喷水灭火系统、气体灭火系统、泡沫灭火系统等。其中水作灭火剂的灭火系统，其灭火原理主要是借助水的冷却作用、水对氧（助燃剂）的稀释作用以及水的冲击作用，适用范围十分广泛。

不同的灭火系统，因其不同的特性，各自在灭火过程中所发挥的作用是不同的。例如，自动喷水灭火系统，其设置的主要目的是控制和扑灭初期火灾，防止火灾蔓延扩大。一旦火灾发生蔓延扩大后，自动喷水灭火系统的灭火强度将大大减弱，将不能发挥其灭火作用。而消火栓系统则在整个灭火救援过程中，可持续发挥其作用和效能。

5.5.3.2　自动喷水灭火系统

A　自动喷水灭火系统的类型

自动喷水灭火系统由消防水泵、输水管网、喷头、水流控制阀和若干辅助装置组成。根据水从水源到喷头的形式，系统可分为湿式系统、干式系统、预作用系统、雨淋系统和水幕系统。下面介绍几种主要的水灭火系统。

（1）湿式系统。图 5-20 为湿式自动喷水系统示意图。此系统的水管内无论何时均充有加压水，发生火灾时，产生的热量作用到着火区的相应喷头上，使其工作元件启动，水立即喷出灭火。

这种系统适用于水在管道内无冰冻危险的场合。湿式系统的结构较简单，维修方便，建设和

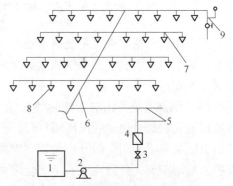

图 5-20　某种湿式自动喷水系统示意图
1—水池；2—水泵；3—总控制阀；
4—湿式报警器；5—配水干管；6—配水管；
7—配水支管；8—闭式喷头；9—末端试水装置

运行费用都较低，是当前常用的喷水灭火系统。

（2）干式系统。干式自动喷水系统与湿式系统基本类似。这种系统的喷头与充有加压空气或氮气的管道连接，而管道通过报警控制阀与加压水管相连。当喷头的工作元件受火灾影响启动后，充气管内压力下降，导致报警阀另一侧的水压打开阀门，水再从开启的喷头喷出灭火。

干式系统适用于不能正常采暖的场合，如寒冷和高温场所。但由于增加了一套充气设备，其建设投资比一般湿式系统大，日常维护也较为复杂。

（3）预作用系统。这种系统的喷头前的管道内也充有气体，可加压，也可不加压。发生火灾时，该区的辅助火灾探测装置先动作，从而将水流控制阀打开，水进入管道内。当喷头被火灾产生的热量启动后便像湿式系统那样灭火。图5-21为某种预作用自动喷水系统示意图。

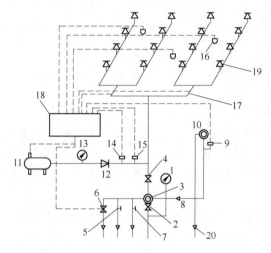

图5-21　某种预作用自动喷水系统示意图

1—阀前压力表；2—控制阀；3—预作用阀（采用干式报警阀或雨淋阀）；4—检修阀；
5—手动阀；6—电磁阀；7—试水阀；8—过滤器；9—压力继电器；10—水力警铃；
11—空压机；12—止回阀；13—压力表；14—低压压力开关；15—高压压力开关；
16—火灾探测器；17—水流指示器；18—火灾报警控制箱；19—闭式喷头；20—排水漏斗

预作用自动喷水灭火系统由于是与火灾探测报警系统联动的，可有效地克服湿式系统容易造成水渍危害和干式系统喷水延缓的缺陷。与普通湿式系统相比，其造价和维持费用都增加不多。

（4）雨淋系统。雨淋系统的喷头始终处于开启状态，平时输水管内无水。当火灾报警装置被火灾信号启动后雨淋阀打开，水进入管系内，可从所有的喷头一起喷出。一般在管道上还装有手动阀门的开启装置。雨淋系统的喷水面积较大，适宜对有关场合实施整体保护，适用于火灾危险性大、可燃物集中、燃烧放热多而快的建筑物和构筑物中。

（5）水幕系统。水幕系统的喷头喷出的水呈水幕状，一般与防火门、防火卷帘门配合使用，可对其起冷却作用，并阻止火灾的蔓延，有时也用在某些建筑物的门窗洞口等部位。图5-22为某种水幕自动喷水系统示意图。

（6）水雾灭火系统。水雾灭火系统可认为是自动喷水灭火系统的一种特殊情形。对于这种系统，我国单独制定了设计规范（GB 50219—1995）。水雾灭火系统的组成结构和雨淋系统相似，两者的主要差别在于水喷头不同。图 5-23 为水雾自动喷水系统示意图。水雾喷头喷出的水滴很小，一般为 0.02 ~ 2.0mm，灭火时的冷却作用较普通水滴强，窒息灭火效果好，而且具有良好的绝缘性。不仅可灭固体火灾，还可用于扑灭液体和电气火灾。

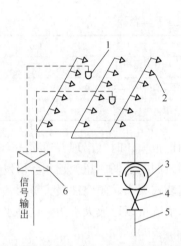

图 5-22 某种水幕自动喷水系统示意图

1—火灾探测器；2—水幕喷头；3—控制阀；
4—总闸阀；5—供水管；6—火灾报警控制器

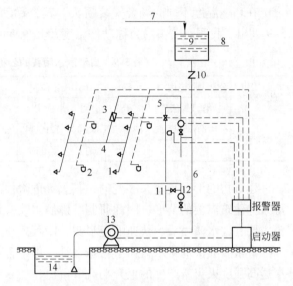

图 5-23 某种水雾自动喷水系统示意图

1—水雾喷头；2—火灾探测器；3—水流指示器；4—配水管；
5—干管；6—供水管；7—水箱进水管；8—生活用水出水管；
9—消防水箱；10—单向阀；11—放水管；12—控制阀；
13—消防水泵；14—消防水池

水雾灭火系统主要用于保护工业领域中的专用设施，如油浸电力变压器、电缆、电气控制室等。这种系统对运行条件要求较高，应当经常检查水泵、过滤器、喷头等的工作状况，并由专门人员负责维修和管理。

B　洒水喷头的结构形式

洒水喷头是自动喷水灭火系统的关键部件，按其出口的封闭形式，可分为开式和闭式两类。

最常用的自动洒水喷头是闭式喷头，图 5-24 为一种常见的顶棚安装式喷头示意图。喷头通过带丝扣的底座安装在水管的设定端口上，内壁面光滑以减小流动阻力。

喷头的动作元件是一种热敏元件，平时被压封在喷口上，阻止水的流出。当达到了预定温度时，它便自动开启，让水喷出来灭火。现在最常用的动作元件是由易熔合金和其他热敏材料制成的。常用的易熔合金是由锡、铅、镉、铋混炼成的。易碎玻璃球通常是用耐热玻璃密闭制成的，其内部装有特殊配制的液体，并残留一个小空气泡。玻璃球受热后，液体膨胀，气泡被压缩，并逐渐被液体

图 5-24 顶棚安装式
洒水喷头示意图

吸收。当气泡完全消失后，液体的压力将快速升高，乃至胀破玻璃球，水便由喷口释放出来。

喷头的喷水量由水流压力和喷口直径决定，每种喷头均有规定的工作压力和流量。溅水盘的作用是将喷出的水柱分散成具有一定保护面积的细水滴。灌水盘的形式则决定了水滴的尺寸和保护面积的大小，不同喷头对溅水盘均有特定的要求。

在环境温度不同的场合安装喷头，其公称动作温度宜比环境最高温度高约30℃。表5-9列出了我国对喷头的公称动作温度及其色标的规定。

表5-9　自动洒水喷头的公称动作温度及其色标

玻璃球式	公称动作温度/℃	57	68	79	93	141	182	227	260	343
	工作液体颜色	橙	红	黄	绿	蓝	紫红	黑	黑	黑
易熔元件式	公称动作温度/℃	57～77	80～107	121～149	163～191	204～246	260～302	320～343		
	轭臂色标	本色	白	蓝	红	绿	橙	黑		

建筑物的形式是复杂多变的，其火灾危险性的差别也很大，时常出现普通喷头不能满足某些建筑需要的情形。因此研制特殊洒水喷头便受到人们的密切注意。近年新研发的喷头主要有大水滴喷头、快速响应喷头、隐蔽式喷头、侧装式喷头、耐腐蚀喷头等。

大水滴喷头的溅水盘作了特殊设计，可结合较大的水流量以形成大水滴。这种水滴能穿透高强度火灾所产生的上升羽流。

快速反应喷头感温元件的响应时间比普通喷头短得多，例如有的元件动作时间只有普通喷头的五分之一。这种喷头特别适用于需要加强人员生命安全的场合。

隐蔽式喷头的所有部分全都隐装在特殊挡板的上方，这样使室内顶棚平整美观。发生火灾时，挡板脱落，喷头露出，随后按规定温度启动。

在有腐蚀气体的场合下，普通喷头不能按规定工作，需要采取防腐措施，其基本办法是加涂层。常用涂层有蜡、沥青、铅等。一般对热敏动作元件也要加涂层，应注意的是这可能影响其正常工作，因此对加涂层的喷头需要另行测试。

侧装式喷头可向一侧喷射绝大部分水，其喷射距离比顶装式的大。这种喷头可根据需要确定喷射方向，且管路安装简单，适宜装在火险不太高的房间内，如办公室、客房、餐厅等。

C　喷水灭火系统的设计要求与维护

安装自动喷水灭火系统的费用并不高，一般只占建筑工程总造价的1%～3%。为了使自动喷水灭火系统在火灾中能正常发挥作用，应当注意以下方面：

（1）设计的系统必须与建筑物的火灾危险性相适应。就是说，所设计的自动喷水灭火系统能达到预定的控火或灭火目的。当建筑物的使用性质发生变化后，需要对其火险程度作出新的评估。

设计自动喷水灭火系统时，首先应考虑建筑物的危险等级，了解其中生产或储存的可燃物的性质、数量、堆放状态、火灾扑救难度及建筑物本身的耐火性等。通常将建筑物的火灾危险性分为严重、中等、轻度危险三级。《自动喷水灭火系统设计规范》(GB 50084—2001)对湿式、干式和预作用式三类自动喷水灭火系统设计参数做了规定，见表5-10。

表 5-10　民用建筑和工业厂房的系统设计参数

火灾危险等级		净空高度/m	喷水强度/L·(min·m²)⁻¹	作用面积/m²
轻危险级			4	
中危险级	I 级	≤8	6	160
	n 级		8	
严重危险级	I 级		12	260
	n 级		16	

注：系统最不利点处喷头的工作压力不应低于 0.05MPa。

（2）保证消防用水足够。消防给水不足，自动喷水灭火系统自然无法发挥作用，这正是在许多火灾情况下灭火系统失效的一个重要原因，自动喷水灭火系统对消防给水的水量水压等要求更高，应当严格按本系统的要求检查给水情况。

（3）输水系统的工作状况。由于水中的异物或水管锈蚀等，可能造成管道堵塞，应该定期进行管道冲洗。对喷淋泵、稳压泵、压力表、控制阀、水力报警装置等进行定期检查和试验。

在气候寒冷地区，自动喷水灭火系统的管道还需要注意防冻。对于小范围冻结可及时将管中的冰融化，并消除引起冰冻的原因。有时可在水中加入防冻液以降低其冰点。加防冻液的水应和生活用水分开，且应符合当地的卫生标准。

（4）喷头的状况。洒水喷头的使用量大，分布面广，且大多突出壁面或顶棚，因此是容易损坏的部件。需要检查有无机械损伤、腐蚀，或是否被油漆、涂料覆盖，或有无外部物体遮掩。对有故障的喷头应及时更换。

5.5.3.3　气体灭火系统

按灭火剂种类不同，气体灭火系统可分为二氧化碳灭火系统、烟烙尽灭火系统、七氟丙烷灭火系统等。本节侧重介绍二氧化碳灭火系统。

二氧化碳灭火系统在我国的应用始于 20 世纪 70 年代，80 年代卤代烷灭火系统的大面积应用，阻碍了二氧化碳灭火系统的推广使用。但自从发现氟氯烃对地球大气臭氧层的破坏作用后，国际社会及我国政府开始了淘汰卤代烷灭火剂的行动，二氧化碳灭火系统因同样具有灭火后无污渍的特点，作为气体灭火技术替代卤代烷灭火系统使用，从而应用越来越广泛。二氧化碳灭火系统是目前应用非常广泛的一种现代化消防设备，二氧化碳灭火剂具有无毒、不污损设备、绝缘性能好等优点，其主要缺点是灭火需浓度高，会使人员受到窒息毒害，若设计不合理易引起爆炸。

A　系统组成

二氧化碳灭火系统一般为管网灭火系统，由储存灭火剂的容器、容器阀、连接软管和止回阀、集流管、输送灭火剂的管道和附件、喷嘴、泄压装置、储存启动气源的小钢瓶和电磁瓶头阀、气源管道、固定支架以及火灾探测报警器等组成，见图 5-25。

B　灭火机理

在常温常压条件下，二氧化碳的物态为气相，当储存于密封高压气瓶中、低于临界温度 31.4℃时是以气液两相共存的。在灭火中，当二氧化碳从储存气瓶中释放出来时，压力骤然下降，二氧化碳由液态转变成气态，稀释空气中的氧含量。氧含量降低会使燃烧时

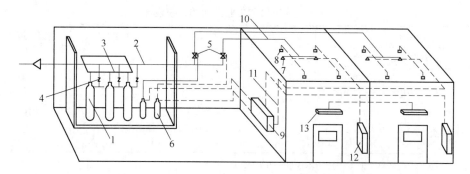

图 5-25　二氧化碳灭火系统的组成

1—灭火剂储瓶；2—集流管（连接各储瓶出口）；3—集流管与储瓶连接的软管；
4—止回阀；5—选择阀；6—释放启动装置；7—灭火喷头；8—火灾探测器；
9—灭火报警及灭火控制盘；10—灭火剂输送管道；11—探测与控制线路；
12—紧急启动器；13—释放显示灯

热的产生率减小，而当热产生率减小到低于热散失率的程度，燃烧就会停止下来。二氧化碳释放时又因熔降的关系，温度会急剧下降，形成细微的固体干冰粒子，干冰吸取周围的热量而升华，即能产生冷却燃烧的作用，但二氧化碳灭火作用主要在于窒息，冷却起次要作用。

C　系统分类

二氧化碳灭火系统是一种固定式灭火系统，按灭火方式、系统结构特点、储存压力等级、管网布置形式，可以有几种分类。

（1）按防护区的特征和灭火方式分类，可分为全淹没灭火系统和局部应用系统。

1）全淹没灭火系统是由一套储存装置在规定时间内，向防护区喷射一定浓度的灭火剂，并使其均匀地充满整个防护区空间的系统。全淹没系统防护区应是一个封闭良好的空间，在此空间内能够建立有效扑灭火灾的灭火剂浓度，并将灭火剂浓度保持一段所需的时间，如厂房、计算机房、地下室、高架停车塔、封闭机械设备、管道、炉灶等。

2）局部应用系统，指在灭火过程中不能封闭，或是虽然能够封闭但不符合全淹没系统要求的表面火灾所采用的灭火系统，如轧机、淬火槽、喷漆棚、注油变压器、浸油槽和蒸气泄放口。

（2）按系统结构特点分类，可分为管网系统和无管网系统。管网系统又可分为组合分配系统和单元独立系统。

1）组合分配系统由一套灭火剂储存装置保护多个防护区。组合分配系统总的灭火剂储存量只考虑按照需要灭火剂最多的一个防护区配置，如组合中某个防护区需要灭火，则通过选择阀、容器阀等控制，定向释放灭火剂。这种灭火系统的优点是储存容器数和灭火剂用量可以大幅度减少，有较高应用价值。

2）单元独立系统是用一套灭火剂储存装置保护一个防护区的灭火系统。一般来说，用单元独立系统保护的防护区在位置上是单独的，离其他防护区较远，不便于组合，或是两个防护区相邻，但有同时失火的可能。如果一个防护区包括两个以上封闭空间，也可以用一个单元独立系统来保护，但设计时必须做到系统储存的灭火剂能满足这几个封闭空间同时灭火的需要，并能同时供给它们各自所需的灭火剂量。当两个防护区需要灭火剂量较多时，也可采用两套或数套单元独立系统保护一个防护区，但设计时必须做到这些系统同步工作。

（3）按储压等级分类，可分为高压（储存）系统和低压（储存）系统。

1）高压系统，储存压力为 5.17MPa。高压储存容器中二氧化碳的温度与储存地点的环境温度有关。因此，容器必须能够承受最高预期温度时所产生的压力。储存容器中的压力还受二氧化碳灭火剂充填密度的影响。应注意控制最高储存温度下二氧化碳灭火剂的充填密度。充填密度过大，会在环境温度升高时因液体膨胀造成保护膜片破裂而自动释放灭火剂。

2）低压系统储存压力为 2.07MPa。储存容器内二氧化碳灭火剂利用绝热和制冷手段被控制在 -180℃。典型的低压储存装置是压力容器外包一个密封的金属壳，壳内有绝缘体，在储存容器一端安装一个标准的空冷制冷机装置，它的冷却蛇管装于储存容器内。该装置以电力操纵，用压力开关自动控制。目前，我国低压储存系统均为进口装置。

（4）按管网布置形式分类可分为均衡系统管网和非均衡系统管网。均衡系统管网具备以下三个条件：

1）从储存容器到每个喷嘴的管道长度应大于最长管道长度的 90%；

2）从储存容器到每个喷嘴的管道计算长度应大于实际管道长度的 90%（管道计算长度=实际管长+管道的当量长度）；

3）每个喷嘴的平均质量流量相等。

均衡系统管网有利于灭火剂的均化，计算时管网灭火剂剩余量可不予考虑。

不具备上述条件的管网系统，为非均衡系统。

D 适用场合

二氧化碳灭火系统一般为管网灭火系统，是一种固定装置，主要适用于：

（1）固体表面火灾及部分固体的深位火灾（如棉花、纸张）及电气火灾；

（2）液体或可溶化固体（如石蜡、沥青等）火灾；

（3）灭火前可切断气源的气体火灾。

二氧化碳灭火系统不能扑救含氧化剂的化学品（如硝化纤维、火药等）引发的火灾、活泼金属（如钾、钠、锆等）以及金属氢化物（如氢化钾、氢化钠）等引发的火灾。二氧化碳灭火系统的选用要根据防护区和保护对象具体情况确定。全淹没二氧化碳灭火系统适用于无人居留或发生火灾能迅速（30s 以内）撤离的防护区；局部二氧化碳灭火系统适用于经常有人的较大防护区内，扑救个别易燃烧设备或室外设备。

5.5.3.4 干粉灭火系统

A 系统组成

干粉灭火系统是以干粉作为灭火剂的灭火系统。干粉灭火系统是通过供应装置、管道或软带输送干粉，利用固定喷嘴、干粉喷枪、干粉炮喷放干粉的灭火系统。其主要用于扑救易燃、可燃液体、可燃气体和电气设备的火灾。干粉灭火系统工作原理见图 5-26。

B 灭火机理

干粉灭火剂是用于灭火的干燥、易于流动的微细粉末，由具有灭火效能的无机盐和少

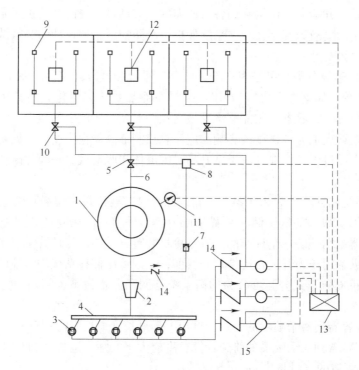

图 5-26　干粉灭火系统工作原理

1—干粉储罐；2—压力控制器；3—氮气瓶；4—集气管；5—球阀；6—输粉管；7—减压阀；8—电磁阀；
9—喷嘴；10—选择阀；11—压力传感器；12—火灾探测器；13—消防控制中心；14—止回阀；15—启动气瓶

量的添加剂经干燥、粉碎、混合而成微细固体粉末组成，主要是通过化学抑制和窒息作用灭火。除扑救金属火灾的专用干粉灭火剂外，常用干粉灭火剂一般分为 BC 干粉灭火剂和 ABC 干粉灭火剂两大类，如碳酸氢钠干粉、改性钠盐干粉、磷酸二氢铵干粉、磷酸氢二铵干粉、磷酸干粉等。

干粉灭火系统中灭火剂主要通过在加压气体的作用下喷出的粉雾与火焰接触、混合时发生的物理、化学作用灭火。一是靠干粉中的无机盐的挥发性分解物，通过化学抑制燃烧过程中所产生的自由基或活性基团，使燃烧的链式反应中断而灭火；二是靠干粉的粉末落到可燃物表面上，发生化学反应，并在高温作用下形成一层覆盖层，从而隔绝氧窒息灭火。

C　干粉灭火系统的优点及适用范围

（1）灭火时间短、效率高，对石油产品的灭火效果尤为显著；

（2）不用水，绝缘性好，可扑救带电设备的火灾，对机器设备的污损较小；

（3）无毒或低毒，对环境不会产生危害；

（4）以有相当压力的二氧化碳或氮气作喷射动力，或以固体发射剂为喷射动力，不受电源限制；

（5）干粉能较长距离输送，干粉设备可远离火区；

（6）不怕冻，可以长期储存等。

干粉灭火系统对 A、B、C、D 四类火灾均可适用，但主要还是用于 B、C 类火灾的扑救。系统选用时，尤其要注意需根据不同的保护对象；例如对于 D 类金属火灾，须选用相应的干粉灭火剂。

干粉灭火系统不适于以下情况：

（1）扑救自身能够释放氧气或提供氧源的化合物火灾，例如硝化纤维素、过氧化物等的火灾。

（2）扑救普通燃烧物质的深部位的火或阴燃火。

（3）扑救精密仪器、精密电气设备、计算机等的火灾，干粉灭火剂会对上述仪器设备造成污损。

（4）固定干粉灭火剂不能有效解决复燃问题，对有复燃危险的火灾危险场所，宜用干粉、泡沫联用装置。

D　干粉灭火系统类型

（1）按系统的启动方式分类，可分为手动干粉灭火系统和自动干粉灭火系统。有的手动系统全部需要人工开启各种阀门，有的手动系统只需按一下启动按钮，其他动作可以自动完成，称为半自动灭火系统。自动干粉灭火系统一般依靠火灾自动探测控制系统与干粉灭火系统联动。

（2）按固定方式，可分为固定式干粉灭火系统和半固定式灭火系统。固定式干粉灭火系统的主要部件如干粉容器、气瓶、管道和喷嘴都是永久固定的。

5.5.3.5　泡沫灭火系统

泡沫灭火剂包括化学泡沫灭火剂和空气泡沫灭火剂两大类。化学泡沫是通过硫酸铝和碳酸氢钠的水溶液发生化学反应，产生二氧化碳而形成泡沫。化学泡沫灭火剂主要是充装于 100L 以下的小型灭火器内，用以扑救小型初期火灾。

空气泡沫是由含有表面活性剂的水溶液在泡沫发生器中通过机械作用而产生的，泡沫中所含的气体为空气。空气泡沫也称为机械泡沫。目前我国大型泡沫灭火系统以采用空气泡沫灭火剂为主。本节主要介绍空气泡沫灭火系统。

空气泡沫灭火系统根据泡沫灭火剂发泡性能的不同，可分为低倍数、中倍数和高倍数泡沫灭火系统三类，低倍数泡沫灭火剂的发泡倍数一般在 20 倍以下，中倍数泡沫灭火剂的发泡倍数一般在 20～200 倍之间，高倍数泡沫灭火剂的发泡倍数在 200～1000 倍之间；根据喷射方式不同，分为液上、液下系统；根据设备与管道的安装方式不同，分为固定式、半固定式、移动式系统；根据灭火范围不同，分为全淹没式、局部应用式系统。本节主要介绍各种类型的低倍数泡沫灭火系统。

低倍数泡沫灭火系统主要用于扑救原油、汽油、煤油、柴油、甲醇、乙醇、丙酮等 B 类火灾，适用于炼油厂、化工厂、油田、油库、为铁路油槽车装卸的鹤管栈桥、码头、飞机库、机场、燃油锅炉房等。低倍数泡沫灭火系统又可进行如下划分。

A　固定式泡沫灭火系统

《石油库设计规范》（GB 50074—2002）规定独立的石油库宜采用固定式泡沫灭火系统。该系统一般由水池、固定的泡沫泵站（内设泡沫液泵、泡沫液储罐及比例混合器等）、泡沫混合液的输送管道、阀门、泡沫发生器等组成。它适用于下列情况：

（1）总储量大于、等于 500m³，独立的非水溶性甲、乙、丙类液体储罐区。

（2）总储量大于、等于200m³的水溶性甲、乙、丙类液体储罐区。

（3）机动消防设施不足的企业附属非水溶性甲、乙、丙类液体储罐区。

根据泡沫喷射方式的不同，固定式泡沫灭火系统又分为液下喷射和液上喷射两种形式。

液下喷射泡沫灭火系统必须采用氟蛋白泡沫液或水成膜泡沫液。国内现行的低倍数泡沫灭火系统设计规范规定了以氟蛋白泡沫液为灭火剂的设计参数。该系统在防火堤外安装高倍压泡沫发生器，泡沫管入口装在油罐的底部，泡沫由油罐下部注入，通过油层上升进入燃烧液面，产生的浮力使罐内油品上升，冷却表层油。同时，可以避免泡沫在油罐爆炸掀顶时，因热气流、热辐射和热罐壁高温而遭到破坏，提高了灭火效率。该系统一般用于固定顶罐的防护，但不能用于水溶性甲、乙、丙类液体储罐的防护，也不宜用于外浮顶和内浮顶储罐，见图5-27。

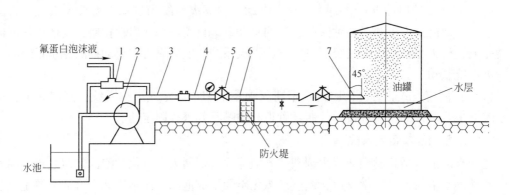

图5-27　固定式液下喷射泡沫灭火系统

1—环泵式比例混合器；2—泡沫混合液泵；3—泡沫混合液管道；4—液下喷射泡沫产生器；

5—背压调节阀；6—泡沫管道；7—泡沫注入管

液上喷射泡沫灭火系统的泡沫发生器安装在油罐壁的上端，喷射出的泡沫由反射板反射在罐内壁，沿罐内壁向液面上覆盖，达到灭火的目的。缺点是当油罐发生爆炸时，泡沫发生器或泡沫混合液管道有可能被拉坏，造成火灾失控，见图5-28。

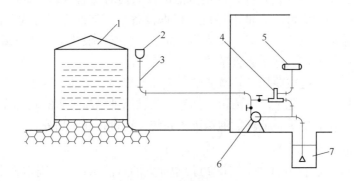

图5-28　固定式液上喷射泡沫灭火系统

1—油罐；2—泡沫发生器；3—泡沫混合液管道；4—比例混合器；

5—泡沫液罐；6—泡沫混合液；7—水池

B 半固定式泡沫灭火系统

半固定式泡沫灭火系统适用于机动消防设施强的企业、附属甲、乙、丙类液体的储罐区、石油化工生产装置区、火灾危险大的场所。

半固定式泡沫灭火系统通常有两种形式：

（1）一种是由固定安装的泡沫发生器、泡沫混合液管道及阀门配件组成，没有固定泵站，泡沫混合液由泡沫消防车提供。该系统在大型的石化企业、炼油厂中采用较多。有液上喷射和液下喷射两种形式。

（2）另一种是由固定消防泵站、相应的管道和移动的泡沫发生装置组成。一般在泡沫混合液管道上留出接口，必要时用水带连接泡沫管枪、泡沫钩管等设备组成灭火系统扑灭火灾。在罐区中一般不用这种形式作为主要的灭火方式，而可作为固定式泡沫灭火系统的辅助和备用手段。

C 移动式泡沫灭火系统

该系统一般由水源（室外消火栓、消防水池或天然水源）、泡沫消防车、水带、泡沫枪或泡沫钩管、泡沫管架等组成。也可用大型泡沫消防车的泡沫炮直接喷射。

当采用泡沫枪等移动式泡沫灭火设备扑救地面流散的水溶性可燃液体火灾时，应根据流散液体厚度及泡沫液的要求采用合理的喷射方式。

下列场所宜选用移动式泡沫灭火系统：

（1）总储量不大于 $500m^3$，单罐容量不大于 $200m^3$，且罐壁高度不大于 7m 的地上非水溶性甲、乙、丙类液体立式储罐；

（2）总储量小于 $200m^3$，单罐容量不大于 $100m^3$，且罐壁高度不大于 5m 的地上非水溶性甲、乙、丙类液体立式储罐；

（3）卧式储罐；

（4）甲、乙、丙类液体装卸区易泄漏的场所；

（5）石油库设计规范规定了半地下、地下、覆土和卧油罐、润滑油罐也可采用移动式泡沫灭火系统。

地下停车库，每层宜设置移动式泡沫管枪 2 只，泡沫液储量不应小于灭火用量的 2 倍，灭火时间不少于 20min。泡沫管枪和泡沫液应集中存放在便于取用的地点。室内消火栓的压力应能满足移动式空气泡沫管枪所需的压力。

移动式泡沫灭火设备还可作为固定式、半固定式灭火系统的辅助灭火设施。

该系统是在火灾发生后铺设，不会遭到初期燃烧爆炸的破坏，使用起来机动灵活。但使用过程中往往受风力等因素的影响，泡沫的损失量大，系统需要供给的泡沫量相应地增加，并且系统操作比较复杂，受外界因素的影响较大，扑救火灾的速度不如固定和半固定式系统快。

复习思考题

5-1 简述火灾防控的基本原理。

5-2 建筑耐火等级有几级，影响耐火等级的因素有哪些？

5-3 什么是耐火极限，如何根据耐火极限划分耐火等级？请举例说明一般民用建筑构件耐火等级如何划分。简述高层民用建筑一类建筑和二类建筑的划分标准。

5-4　什么是建筑防火分区，不同耐火等级的建筑所要求的防火分区面积是多少？

5-5　举例说明建筑内部的防火分隔构件的分类。

5-6　论述火灾自动报警系统组成，并结合公寓火灾自动报警系统说明其工作原理。

5-7　根据工作原理，点式感烟探测器分为哪几类？

5-8　简述感温探测器的分类，各类感温探测器的工作原理。阐述线型和点式探测器的区别。

5-9　灭火的基本原理是什么？请列举三种目前常用的灭火剂。

5-10　简述水灭火剂的优缺点及其使用范围。

5-11　泡沫灭火剂分为哪几种类型，各种类型的泡沫灭火剂的适用范围是什么？

5-12　简述二氧化碳灭火剂的灭火原理及其适用范围。

5-13　简述干粉灭火剂的灭火原理及其适用范围。

5-14　结合所学知识，请举例说明火灾情况下应如何选用灭火剂。

5-15　简述水灭火系统的分类及各种类型的水灭火系统的适用范围。

5-16　干式自动喷水灭火系统与湿式自动喷水灭火系统的主要区别是什么？

5-17　简述气体灭火系统、干粉灭火系统及泡沫灭火系统的组成及分类。

6 爆炸预防控制技术

6.1 爆炸预防与控制原则

爆炸预防即在爆炸发生前，采取相应措施防止事故的发生。爆炸控制的定义是：在事故发生之后，采取措施控制爆炸冲击波、爆炸火焰传播等，以减小爆炸造成的危害。

对待火灾爆炸事故的总原则是"预防为主，防控结合"。如果通过合理预防能够避免火灾爆炸的发生自然是最理想的方式，然而由于实际情况的复杂性，人们对引发火灾爆炸的具体因素还不可能完全了解和掌握，尤其在工业生产中人们尚不清楚的问题就更多了。因此期望完全通过预防来实现减少火灾爆炸损失是不现实的，还必须根据对保护对象能够预测到的发生火灾爆炸的原因和事故发展特点，采取适当的控制对策。

要更好地预防和控制爆炸灾害的发生，就必须了解爆炸的发展过程及其各阶段的特点。针对爆炸发展过程不同阶段的特点，采取不同的防控手段，才能有效地防止爆炸事故的发生或减小爆炸事故所造成的损失。

6.1.1 爆炸发展过程的特点

可燃性混合物的爆炸虽然为瞬态过程，但它还是遵循下列基本发展过程：
（1）可燃气体、蒸气或粉尘与空气或氧气相互扩散，均匀混合而形成爆炸性混合物；
（2）爆炸性混合物遇着火源，爆炸开始；
（3）由于连锁反应过程的发展，爆炸范围扩大，爆炸威力升级；
（4）化学反应完成，爆炸威力造成灾害性破坏。

6.1.2 爆炸防控的基本原则

防爆的基本原则是根据对爆炸过程特点的分析，采取相应措施，防止第一过程的出现，控制第二过程的发展，削弱第三过程的危害。其基本原则有以下几点：
（1）防止爆炸性混合物的形成；
（2）严格控制着火源；
（3）检测报警；
（4）燃爆开始就及时泄出压力；
（5）切断爆炸传播途径；
（6）减弱爆炸压力和冲击对人员、设备和建筑的损坏。
其中，前三项主要是防止爆炸条件的形成，属于爆炸预防的手段；后三项则是对应爆炸发生后的三个阶段所应采取的对策，属于爆炸控制的手段。

6.2 爆炸预防技术

6.2.1 控制工艺参数

6.2.1.1 采用火灾爆炸危险性低的工艺和物料

采用火灾爆炸危险性低的工艺和物料是防火防爆的根本性措施，如以不燃或难燃材料取代可燃材料、采用高闪点的溶剂以减少挥发、用负压低温蒸发取代加热蒸发、降低操作温度等。

6.2.1.2 工艺过程中的投料控制

在工艺过程中进行投料控制，如控制工艺投料量，防止反应失控；控制生产现场易燃易爆物品的存放量，实行按用量领料、限制领用量、分批领料、剩余退库等措施。

对于放热反应的工艺，应保持适当和均衡的投料速度，加热速度不能超过设备的传热能力，以避免引起温度急剧升高进而可能导致爆炸事故的发生。应严格控制反应物料的配比，尤其是对反应速度影响很大的催化剂，如果多加就可能发生危险。此外，在投料顺序和控制原料纯度方面都应十分注意，如在聚氯乙烯生产中，采用乙炔和氯化氢作原料，氯化氢中游离氯不允许超过 0.005%，因为乙炔遇氯会立即发生燃烧爆炸反应，生成四氯乙烷。

6.2.1.3 温度控制

不同的化学反应都有其最适宜的反应温度，正确控制反应温度不但对保证产品质量、降低消耗有重要意义，而且是防爆所必须进行的控制。温度过高，可能引起剧烈的反应而发生冲料或爆炸。如 1991 年我国东北某化工厂发生的硝化厂二硝基甲苯车间爆炸事故，就是由于局部温度过高所引起的反应过速导致整个车间爆炸，这次事故造成伤亡 124 人，直接经济损失达 200 多万元。温度的控制可以根据不同的生产工艺采取控制反应热量、防止搅拌中断而导致的局部热量积蓄，正确选择传热介质，避免急速的直接加热方式。

6.2.1.4 防止物料漏失

在生产、输送、贮存易燃物料过程中，物料的跑、冒、滴、漏往往会导致可燃气体或液体在环境中的扩散，这是造成爆炸事故的重要原因之一，如操作不精心造成的槽满跑料、开错排污阀、设备管线和机泵结合面不紧、设备管线被腐蚀等。各种原因造成的各种停车事故，如紧急情况下的突然停电、停水、停气等，都可能导致温升发生爆炸。

6.2.2 防止形成爆炸性混合物

6.2.2.1 加强密闭

为了防止可燃气体、蒸气及粉尘与空气形成爆炸性混合物，应设法使生产设备和容器尽可能密闭，对于具有压力的设备，更应注意它的密闭性，以防止气体或粉尘逸出与空气混合形成爆炸性混合物；对真空设备，应防止空气流入设备内部达到爆炸浓度；开口的容器、破损的铁桶、容积较大没有保护的玻璃瓶不允许储存易燃液体，不耐压的容器不能储存压缩气体和加压液体。

为保证设备的密闭性，对危险设备及系统应尽量少用法兰连接；输送可燃气体、液体的管道应采用无缝钢管；盛装腐蚀性介质的容器，底部尽可能不装开关和阀门，腐蚀性液体应从顶部抽吸排出。

如设备本身不能密封，可采用液封、负压操作，以防系统中可燃气体逸出厂房。

加压或减压设备，在投产前和运行过程中应定期检查密闭性和耐压程度，对所有压缩机、液泵、导管、阀门、法兰接头等容易漏油、漏气部位应经常检查，填料如有损坏应立即调换，以防渗漏，设备在运转中应经常检查其气密情况，操作压力必须严格控制，不允许超压运转。

接触氧化剂如高锰酸钾、氯酸钾、漂白粉等粉尘生产的传动装置部分的密闭性能必须良好，转动轴密封不严密会使粉尘与润滑油等油类接触氧化，要定期清洗传动装置，及时更换润滑剂，应防止粉尘漏进变速箱中与润滑油相混，避免由于蜗轮、蜗杆的摩擦发热而导致爆炸事故。

6.2.2.2　通风排气

实际生产过程中，要保证设备完全密封有时是很难办到的，总会有一些可燃气体、蒸气或粉尘从设备系统中泄漏出来，生产过程中某些工艺（如喷漆）中有时也会挥发出可燃性物质。因此，必须采取其他安全措施，使可燃物的含量降低，也就是说要保证易燃易爆物质在厂房生产环境里不超过最高容许浓度，通风排气是其中的重要措施之一。

对通风排气的要求，主要依据两点考虑：一是当泄漏物质仅是易燃易爆物质，在车间内的容许浓度根据爆炸极限而定，一般应低于爆炸下限的1/4；二是对于既易燃易爆又具有毒性的物质，应考虑到有人操作的场所，其容许浓度只能从毒性的最高容许浓度来决定，因为一般情况下毒物的最高容许浓度比爆炸下限还要低得多。

通风按动力分为机械通风和自然通风；按作用范围可分为局部通风和全面通风。对有火灾爆炸危险的厂房的通风，由于空气中含有易燃易爆气体，所以通风气体不能循环使用，送风系统应送入较纯净的空气。如通风机室设在厂房里，应有防爆隔离措施。输送温度超过80℃的空气或其他气体以及有燃烧爆炸危险的气体、粉尘的通风设备，应用非燃烧材料制成。空气中含有易燃易爆危险物质的厂房，应采用不产生火花的风机和调节设备。

对局部通风应注意气体或蒸气的密度，密度比空气大的要防止可能在低洼处积聚；密度比空气轻的要防止在高处死角上积聚，有时即使是少量也会使厂房局部空间达到爆炸极限。设备的一切排气管（放气管）都应伸出屋外，高出附近屋顶。排气管不应造成负压，也不应堵塞，如排出蒸气遇冷凝结，则放空管还应考虑有蒸气保护措施。

6.2.2.3　惰化防爆

A　惰化防爆的机理

惰化防爆是一种通过控制可燃混合物中氧气的浓度来防止爆炸的技术。向可燃气体与空气混合物或可燃粉尘与空气混合物中加入一定的惰化介质，使混合物中的氧浓度低于其发生爆炸所允许的最大含量，避免发生爆炸。可燃性混合物不发生爆炸时允许氧的最大安全浓度见表6-1。

表6-1 可燃性混合物不发生爆炸时允许氧的最大安全浓度

可燃物质	氧的最大安全浓度/%		可燃物质	氧的最大安全浓度/%	
	CO_2 保护	N_2 保护		CO_2 保护	N_2 保护
甲烷	14.6	12.1	丁二烯	13.9	10.4
乙烷	13.4	11.0	氢气	5.9	5.0
丙烷	14.3	11.4	一氧化碳	5.9	5.6
丁烷	14.5	12.1	丙酮	15	13.5
戊烷	14.4	12.1	苯	13.9	11.2
己烷	14.5	11.9	煤粉	16	
汽油	14.4	11.6	面粉	12	
乙烯	11.7	10.6	硬橡胶粉	13	
丙烯	14.1	11.5	硫	11	

根据惰化介质的作用机理，可将其分为降温缓燃型惰化介质和化学抑制型惰化介质。

（1）降温缓燃型惰化介质不参与燃烧反应，其主要作用是吸收燃烧反应热的一部分，从而使燃烧反应温度急剧降低，当温度降至维持燃烧所需的极限温度以下时，燃烧反应停止。降温缓燃型惰化介质主要有氩气、氦气、氮气、二氧化碳、水蒸气和矿岩粉类固体粉末等。

（2）化学抑制型惰化介质是利用其分子或分解产物与燃烧反应活化基团（原子态氢和氧）及中间游离基团发生反应，使之转化为稳定化合物，从而导致燃烧过程连锁反应中断，使燃烧反应转播停止。化学抑制型惰化介质主要有卤代烃、卤素衍生物、碱金属盐类以及铵盐类化学干粉等。

    B   惰化介质的防爆效应

按照惰化介质的物态，可将其分为气体惰化介质和固体粉末惰化介质，它们的惰化效应有所不同。加入惰化气体的作用主要是改变了可燃混合物的爆炸极限。

图6-1给出了氮气及二氟一氯一溴甲烷（1211）对丙烷与空气混合物爆炸极限的影响的试验结果。阴影区域为混合物的可爆范围。可以看出，随着加入的惰性气体量不断增大（即氧体积分数逐渐减小），混合物的爆炸极限范围逐渐变窄。当惰性气体量达到一定值后，爆炸上限与下限发生重合。此时，可燃混合物中的氧气浓度将低于可发生爆炸的最大允许氧浓度。在这种情况下，可燃物混合物将不再发生爆炸。

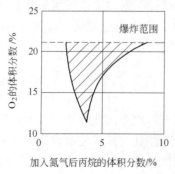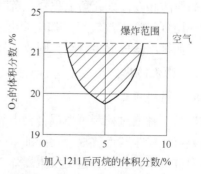

图6-1 加入惰性气体对丙烷与空气混合物爆炸极限影响

　　图6-2给出了氮气对聚乙烯粉尘与空气混合物爆炸极限的影响的试验结果。可以看出，若不添加氮气，其爆炸范围最大；随着氮气加入量的增加，混合物的爆炸上限逐渐降低，爆炸下限基本不变，即爆炸极限范围逐渐变窄。当混合物中的氧气浓度减小到10%左右时，其爆炸上限与下限重合。

　　在有些情况下，向可燃混合物中加入惰性粉末也能够发挥良好的防爆作用。图6-3给出了化学抑制型干粉对可燃气体与空气混合物的惰化防爆作用。可见，只需要很少量粒径少于20μm的颗粒占30%～50%的化学干粉，便可有效惰化可燃气体混合物。

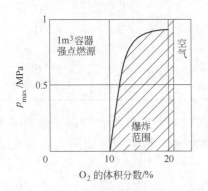

图6-2　加入氮气对聚乙烯粉尘与空气
混合物爆炸极限的影响

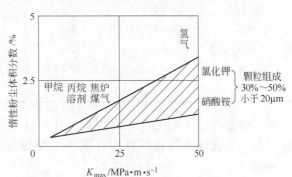

图6-3　化学干粉对可燃气体与
空气混合物爆炸特性影响

　　在高温、高压下，由于某些轻金属（如铝、镁、钛等）能与二氧化碳或氮气发生化学反应。对此，可以选用固体粉末或化学干粉作为惰化剂，以吸收燃烧反应并起化学抑制作用。但须指出，这时的惰化粉末需用量较大。

　　C　惰化气体用量估算

　　采用惰化防爆时，惰化气体的需用量可按可燃混合物不发生爆炸的最高允许氧浓度来估算。设惰性气体不含氧气及其他可燃气体组分，其理论用量可按下式计算：

$$x = \frac{21 - \varphi(O)}{\varphi(O)} V \tag{6-1}$$

式中　x——可防止爆炸的惰性气体最少需用量，m^3；

　　　$\varphi(O)$——混合物不发生爆炸的最高允许含氧量（体积分数），%；

　　　V——设备的体积，m^3。

　　若使用惰性气体中含有一定的氧气，则可按下式修正：

$$x = \frac{21 - \varphi(O)}{\varphi(O) - \varphi(O)'} V \tag{6-2}$$

式中　$\varphi(O)'$——惰性气体中的含氧量，%。

　　对生产装置进行惰化保护时，为了确保得到良好的防爆效果，装置内的实际含氧量要保持比临界含氧量再低10%。通入惰性气体时，必须注意使装置里的气体混合均匀。并对惰性气体的流量、压力或对氧气浓度进行实时测试。

　　采用惰化防爆不必用惰性气体全部取代空气中的氧气。表6-2列出了不发生爆炸时，部分可燃气体与空气混合物利用 N_2 和 CO_2 作为惰化剂，其中的最大允许氧气浓度。相应环境温度为20℃，压力为 1.01325×10^5 Pa。

表 6-2　若干气体、液体蒸气与空气混合物不发生爆炸时的最高含氧量

物质名称	最高含氧量/%		物质名称	最高含氧量/%	
	N_2 作稀释剂	CO_2 作稀释剂		N_2 作稀释剂	CO_2 作稀释剂
一氧化碳	5.6	5.9	丙酮	13.5	15.0
氢	5.0	5.9	苯	11.2	13.9
二硫化碳		8.0	甲烷	12.1	14.6
乙炔	6.5	9.0	乙烷	9.0	10.5
乙烯	8.0	9.0	丙烷	9.5	11.5
丙烯	9.0	11.0	丁烷	9.5	11.5
甲醇	8.0	11.0	戊烷	12.1	14.4
乙醇	8.5	10.5	己烷	11.9	14.5
乙醚		10.5	汽油	11.6	14.4

试验表明，在火花点火条件下，对于同一种可燃粉尘与空气混合物，当分别采用氮气和二氧化碳作惰化气体时，其不发生爆炸的最大允许氧体积分数间大致存在如下关系：

$$\varphi(O)_N = 1.3\varphi(O)_C - 6.3 \tag{6-3}$$

式中　$\varphi(O)_N$——用氮气作惰化气体时的最高允许含氧量,%；

$\varphi(O)_C$——用二氧化碳作惰化气体时的最高允许含氧量,%。

表 6-3 列出了利用 N_2 作惰化剂时，部分常见可燃（粉尘）与空气混合物的最高允许含氧量。

表 6-3　利用 N_2 惰化可燃粉尘时最高允许含氧量

物质名称	最高允许含氧量/%	物质名称	最高允许含氧量/%
煤粉	14.0	硬脂酸钙	11.8
月桂酸镉	14.0	木粉	11.0
硬脂酸钡	13.0	松香粉	10.0
有机颜料	12.0	甲基纤维素	10.0
硬脂酸镉	11.9	轻金属粉尘	4～6

6.2.2.4　惰化防爆的应用场所

惰化防爆技术主要应用于以下过程或场所：

（1）易燃固体物质的粉碎、筛选、混合以及粉状物料的输送等过程中，充入惰性气体以防止形成爆炸性混合物。

（2）在可燃气体或蒸气物料中充入惰性气体，使系统保持正压，阻止空气混入，防止形成爆炸性混合物。

（3）将惰性气体用管路与具有爆炸危险的设备相连，当爆炸危险发生时能及时通入惰性气体进行保护。

（4）在易燃液体输送过程中，向容器中充入惰性气体进行保护，避免液体蒸气与空气形成可燃混合气。

（5）在爆炸危险生产场所，使用惰性气体对能够产生火花的电气、仪表实施充氮正

压保护。

（6）在对具有爆炸危险的系统进行动火检修时，先使用惰性气体吹扫，置换系统中可燃气体和蒸气，以避免形成爆炸性气氛。

（7）在某些生产过程中发生跑料事故时，采用惰性气体对可燃气体进行稀释处理。

表6-4简要说明了在若干场合下使用惰化防爆技术的方式。

表6-4 惰化防爆技术的使用场合与使用方法

使用场合	使用方法
易燃、易爆固体的破碎、研磨、筛分、混合、输送	可在惰性气体覆盖下进行，如粉煤制备系统的充氮保护
可燃易爆物质的储存、运输过程，如各种储罐等	若条件允许，可加入惰性气体隔绝空气，或于周围设备固定惰性气体网点
有火灾危险的工艺装置	在装置附近设惰性气体接头
在火灾爆炸场所，可能产生火花的电气、仪表装置	向内部充惰性气体
可燃易爆物资设备、储罐和管道等检修动火前，工艺装置、设备、管道、储罐使用前	用惰性气体置换

6.2.2.5 惰化防爆系统的设计

惰化防爆系统主要由惰化介质、惰化介质的输送及分配管网、惰化介质撒布机构、氧含量监测与反馈控制系统组成。惰化防爆系统应能保证惰化介质喷洒均匀，使所有被保护区域具有完全惰化所需的最低惰化介质浓度。

选用的惰化介质不仅应具有良好的惰化效果，而且不应对工艺过程设备、设施产生不良影响，不能对环境造成有害污染，更不能对操作人员造成潜在的伤害等。对于那些存在腐蚀或与水接触能发生反应的惰化介质应当限制使用。此外，对惰化介质纯度、储备量及工作压力也需要仔细计算，以满足峰值用量的要求。

惰化介质的导入主要有定量法和连续法两种办法。

（1）定量法按固定需用量导入惰化介质。通过外压把惰性介质导入封闭空间，待充分混合后再将气体排出到环境空气中，使压力降至正常水平。使用定量法通常需经过几个加压排空周期，才能将系统中的氧含量降到所需的程度。

（2）连续法是通过连续导入惰化介质来惰化可燃混合物气氛的，可用固定速率，也可用变速率。前一种方式无需调节器和控制系统，但惰化介质用量大；后一种主要用于惰化介质用量变化范围较大的系统，能够始终按需用量向被保护系统供给惰化介质，惰化介质用量节省，但惰化系统复杂。

6.2.3 隔离储存

性质相互抵触的危险化学品如果储存不当，往往会酿成严重的事故。如无机酸本身不可燃，但与可燃物质相遇能引起着火或爆炸；氯酸盐与可燃的金属相混时能使金属着火或爆炸；松节油、磷及金属粉末在卤素中能自行着火等。由于各种危险化学品的性质不同，其储存条件也不相同。为防止不同性质的物品混合储存接触而引起着火或爆炸事故，应了解各种危险化学品混存的危险性及隔离储存原则，见表6-5～表6-7。

表 6-5　混合接触后能引起燃烧的物质

序号	混合接触后能引起燃烧的物质	序号	混合接触后能引起燃烧的物质
1	溴与磷、锌粉、镁粉	5	高温金属磨屑与油性织物
2	浓硫酸、浓硝酸与木材、织物等	6	过氧化钠与醋酸、甲醇、丙酮、乙二醇等
3	铝粉与氯仿	7	硝酸铵与亚硝酸钠
4	王水与有机物		

表 6-6　形成爆炸性混合物的物质

序号	形成爆炸性混合物的物质	序号	形成爆炸性混合物的物质
1	氯酸盐、硝酸盐与磷、硫、镁、铝、锌等易燃固体粉末以及脂类等有机物	16	液态空气、液态氧与有机物
2	过氯酸或其盐类与乙醇等有机物	17	重铬酸铵与有机物
3	过氯酸盐或氯酸盐与硫酸	18	联苯胺与漂白粉（135℃）
4	过氧化物与镁、锌、铝等粉末	19	松脂与碘、醚、氯化氮及氟化氮
5	过氧化二苯甲酰和氯仿等有机物	20	氟化氮与松节油、橡胶、油脂、磷、氨、硒
6	过氧化氢与丙酮	21	环戊二烯与硫酸、硝酸
7	次氯酸钙与有机物	22	虫胶（46%）与乙醇（60%）在140℃时
8	氢与氟、臭氧、氧、氧化亚氮、氯	23	乙炔与铜、银、汞盐
9	氨与氯、碘	24	二氧化氮与很多有机物的蒸气
10	氯与氮、乙炔与氯、乙炔与二倍容积的氯、甲烷与氯等加上光照	25	硝酸铵、硝酸钾、硝酸钠与有机物
11	三乙基铝、钾、钠、碳化铀、氯黄酸遇水	26	高氯酸钾与可燃物
		27	黄磷与氧化剂
12	氯酸盐与硫化物	28	氯酸钾与有机可燃物
13	硝酸钾与醋酸钠	29	硝酸与二硫化碳、松节油、乙醇及其他物质
14	氟化钾与硝酸盐、氯酸盐、氯、高氯酸盐共热时	30	氯酸钠与硫酸、硝酸
15	硝酸盐与氯化亚锡	31	氯与氢（光照时）

表 6-7　危险物品共同储存的规则

组别	物 品 名 称	储 存 规 则	备　注
1	爆炸物品： 苦味酸、TNT、火棉、硝化甘油、硝酸铵炸药、雷汞等	不准与任何其他种类的物品共储，必须单独隔离储存	起爆药，如雷管等必须与炸药隔离储存
2	易燃液体及可燃液体： 汽油、苯、二硫化碳、丙酮、乙醚、甲苯、酒精、醋酸、酯类、喷漆、煤油、松节油、樟脑油等	不准与其他种类物品共同储存	如果数量甚少，允许与固体易燃物品隔开后共同储存

组别	物品名称	储存规则	备注
3	易燃气体： 乙炔、氢、氯甲烷、硫化氢、氨等	除惰性不燃气体外，不准与其他种类物品共同储存	
	惰性不燃气体： 氮、二氧化碳、二氧化硫、氟利昂等	除易燃气体和助燃气体、氧化剂中能形成爆炸性混合物的物品和有毒物品外，不准与其他种类物品共同储存	
	助燃气体： 氧、压缩空气、氟、氯等	除惰性不燃气体和有毒物品外，不准与其他物品共同储存	氯有毒害性
4	遇水或空气能自燃的物品： 钾、钠、电石、磷化钙、锌粉、铝粉、黄磷等	不准与其他种类物品共同储存	钾、钠须浸入煤油中，黄磷须浸入水中储存，均须单独隔离储存
5	易燃固体： 赛璐珞、胶片、赤磷、萘、樟脑、硫黄、火柴等	不准与其他种类物品共同储存	赛璐珞、胶片、火柴均须单独隔离储存
6	氧化剂： 能形成爆炸性混合物的物品——氯酸钾、氯酸钠、硝酸钠、硝酸钾、硝酸钡、次氯酸钙、亚硝酸钠、过氧化钡、过氧化钠、过氧化氢（30%）等	除压缩气体和液化气体中惰性气体外，不准与其他种类物品共同储存	过氧化物遇水有发热爆炸危险，应单独储存；过氧化氢应储存在阴凉处所
	能引起燃烧的物品：溴、硝酸、硫酸、铬酸、高锰酸钾、重铬酸钾等	不准与其他种类物品共同储存	与氧化剂中能形成爆炸混合物的物品亦应隔离
7	有毒物品： 光气、氰化钾、氰化钠、五氧化二砷等	除惰性气体外，不准与其他种类物品共同储存	

6.2.4 控制点火源

在工业生产过程中，存在着多种引起火灾爆炸事故的火源，如明火、高温表面、摩擦与撞击火花、绝热压缩、自燃发热、电气火花、静电火花、雷击等，对于这些点火源，在有火灾爆炸危险的场所都应引起充分注意并采取严格的防火措施。

6.2.4.1 明火及高温表面

明火是指敞开的火焰、火星等。敞开的火焰具有很高的温度和很大的热量，是引起火灾爆炸事故的主要火源。常见的明火包括生产用火、生活用火。

生产用火是指生产过程的加热用火和维修用火，如电焊和气焊、喷灯、加热炉、垃圾焚烧炉、非防爆电气设备、开关等。

生活用火，如烟头、火柴、打火机、煤气灶、煤油炉等。

在工业生产中为了达到工艺要求经常要采用加热操作，如燃油、燃煤的直接明火加热、电加热、蒸汽、过热水或其他中间载热体加热，在这些加热方法中，对于易燃液体的加热避免采用明火，一般采用蒸汽或过热水加热。如果必须采用明火加热，设备应严格密封，燃烧室应与设备分开或隔离，并按防火规定留出防火间距。在使用油浴加热时，要有防止油蒸气起火的措施。

生产过程中熬炼油类、固体沥青、蜡等各种可燃物质，是容易发生事故的明火作业。熬炼设备要经常检查，防止烟道窜火和熬锅破裂。盛装油料不要过满，以防溢出。

在积存有可燃气体、蒸气的管沟、深坑、下水道及其附近，没有消除危险之前，不能明火作业。

在有火灾爆炸危险场所不得用蜡烛、火柴或普通照明灯具，必须采用防爆电气照明。禁止吸烟和携带火柴、打火机等。

喷灯是一种轻便的加热工具，维修时常有使用，在有火灾爆炸危险场所使用应按动火制度进行。

烟囱飞火，汽车、拖拉机、柴油机的排气管火星都有可能引起易燃气体或蒸气的爆炸事故。一般此类运输工具不得进入危险场所，如需进入，其排气管应安装防火罩。烟囱应有足够高度，必要时应装火星熄火器，在一定范围内不得堆放可燃物品。

高温物料的输送管线，不应与可燃物、可燃建筑构件等接触；在高温表面防止可燃物料散落在上面，可燃物的排放口应远离高温表面，如果接近则应有隔热措施。

关于高温表面，一种情况是固体表面温度超过可燃物的燃点时，可燃物接触到该表面有可能一触即燃。另一种情况是可燃物接触高温表面长时间烘烤升温而着火。常见的高温表面有白炽灯泡、电炉及其通电的镍铬丝表面、干燥器的高温部分、由机械摩擦导致发热的传动部分、高温管道表面、烟囱、烟道的高温部分、熔炉的炉渣及熔融金属等。

6.2.4.2　摩擦与撞击火花

摩擦与撞击往往引起可燃气体、蒸气和粉尘、爆炸物品等的燃烧爆炸事故。如机器上轴承等摩擦发热起火、铁器和机件的撞击、钢铁工具的相互撞击、砂轮的摩擦、导管或容器破裂，内部物料喷出时摩擦起火等，都有可能引起可燃物质的爆炸。因此，在有火灾爆炸危险的场所，应采取防止产生摩擦与撞击火花的措施。

（1）对机器上的轴承等转动部件，应保证有良好的润滑并及时加油，并经常清除附着的可燃污垢，机件摩擦部分如搅拌机和通风机上的轴承，最好采用有色金属或用塑料制造的轴瓦。

（2）锤子、扳手等工具应用有色金属工具制作，如用青铜或镀铜的钢制作。

（3）为防止金属零件等落入设备或粉碎机里，在设备进料前应装磁力离析器，不宜使用磁力离析器的如特危险的硫、碳化钙等的破碎，应采用惰性气体保护。

（4）输送气体或液体的管道，应定期进行耐压试验，防止破裂或接口松脱喷射起火。

（5）凡是撞击或摩擦的两部分都应采用不同的金属制成（如铜与钢），通风机翼应采用铜铝合金等不发生火花的材料制作。

（6）搬运金属容器，严禁在地上抛掷或拖拉，在容器可能碰撞部位覆盖不发生火花的材料。

（7）有爆炸危险的生产厂房，禁止穿带铁钉的鞋，地面应铺不发火材料。

（8）对吊装盛有可燃气体和液体的金属容器用吊车，应经常重点检查，以防吊绳断裂、吊钩松滑，造成坠落冲击发火。

6.2.4.3　绝热压缩

气体瞬间被急剧压缩产生的热量如不能及时地散发出来，可能成为点火源，也可导致可燃物着火。绝热压缩的点燃现象，在柴油机中广为应用。在柴油机中，压缩比为 13～14，压缩行程终点压缩压力达到 3432～3628kPa 时，绝热压缩作用能使汽缸温度升高到 500℃ 左右。这个温度已远远超过柴油燃点，所以能立即点燃喷射到在汽缸内的柴油。

根据此原理，在处理一些易燃液体时，要防止液体混有微小气泡和防止液体以较大高度落下，有可能会因气泡绝热压缩成为点火源引发事故。氢气或乙炔等从高压容器内急剧喷射到空中，因喷流猛撞到空气而使其在一瞬间受到绝热压缩，空气与喷出气团的接触面温度上升，产生自燃着火。氧气瓶减压阀内密封圈必须用不燃材料，否则快速拧开高压阀门时，高压氧冲击减压阀时绝热压缩会引燃密封圈。

6.2.4.4　静电火花

生产和生活中的静电现象是一种常见的带电现象。静电的危害性已被人们所认识。在炼油、化工、橡胶、造纸、印刷和粉末加工等行业的生产过程中，由于静电引发火灾爆炸事故的有很多，因此静电预防也就成为安全技术中的一个重要问题。

A　静电的产生

静电产生是一个比较复杂的过程，当两种不同性质的物体相互摩擦或接触时，由于它们对电子的吸引力各不相同，容易发生电子转移，使甲物失去一部分电子而带正电荷，乙物得到一部分电子而带负电荷。如果该物体对大地绝缘，则电荷停留在物体内部或表面呈相对静止状态，这种电荷就称为静电。

产生静电的原因有很多，但主要是与物质内部特殊性和外界的条件影响有关。

从物质内部因素来说，由于不同物质使电子脱离原物体表面所需的功（称为逸出功）有所区别，因此，当它们两者紧密接触时，在接触面上就发生电子转移。逸出功小的物质易失去电子而带正电荷，逸出功大的物质增加电子则带负电荷。各种物质逸出功的不同是产生静电的基础。

从外部条件来说，如摩擦生电，就是当两种不同物体摩擦或在紧密接触迅速分离时，由于相互作用，使电子从一物体转移到另一物体上；附着带电，就是某种极性离子或自由电子附着在与大地绝缘的物体上，能使该物体呈带电现象；感应带电，就是带电的物体还能使附近与它并不连接的另一导体表面的不同部分也出现极性相反的电荷的现象；极化起电，就是某些物质在静电场内，其内部或表面的分子能产生极化而出现电荷的现象，如在绝缘容器内盛装带有静电的物体时，容器的外壁也具有带电性，就是极化起电。这些产生静电的现象都是因外部条件引起的。

B　静电积聚的影响因素

（1）电阻率。物体产生了静电，但能否积聚，关键在于物质的电阻率。电阻率有体积电阻率和表面电阻率两种。在研究固体带静电时，用表面电阻率，即任一正方形对边之间的表面电阻，单位为欧姆；研究液体带静电时，则要用体积电阻率，即单位长度、单位面积的介质电流通过其内部的电阻，单位为欧姆·厘米（$\Omega \cdot cm$）。

电阻率高的物质其导电性差，这样电子就难以流失，自身也不易获得电子。电阻率低的物质，导电性能好，电子流失和获得比较容易。就防静电而言，如液态物质的电阻率在

$10^6 \sim 10^8 \Omega \cdot cm$ 数量级以下者，即使产生静电，也较易消失，不会引起危害，此种物质称为静电导体；电阻在 $10^9 \sim 10^{10} \Omega \cdot cm$ 者，有可能引起静电危害，但产生的静电量不大；电阻率在 $10^{11} \sim 10^{15} \Omega \cdot cm$ 者，极易积聚静电，危害较大，是防静电的重点；至于电阻率大于 $10^{15} \Omega \cdot cm$ 者，不易形成静电，但一旦产生静电，也较难消除。

汽油、煤油、苯、乙醚等电阻率在 $10^{11} \sim 10^{15} \Omega \cdot cm$ 的极易积聚静电。原油、重油的电阻率低于 $10^{10} \Omega \cdot cm$，一般静电问题不严重。水是静电良导体，但如少量水混合于油品中，水滴与油品相对流动也会产生静电，这样油品静电积聚就会增加。

电阻率由于测试方法、含杂质情况不同，其测试结果有相当出入，表6-8列出了几种常见液体的电阻率。

表 6-8   常见液体的电阻率

名　称	电阻率/$\Omega \cdot cm$	名　称	电阻率/$\Omega \cdot cm$
乙烷	1.0×10^8	三氯乙烯	6.1×10^{11}
石油醚	8.4×10^{14}	乙醚	5.6×10^{11}
煤油	7.3×10^{14}	乙醇	7.4×10^8
庚烷	4.9×10^{13}	正丁醇	1.1×10^3
轻油	1.3×10^{14}	丙酮	1.7×10^7
二硫化碳	3.9×10^{13}	醋酸乙酯	1.7×10^7
二甲苯	3.0×10^{13}	甲醇	2.3×10^6
甲苯	2.7×10^{13}	醋酸甲酯	2.9×10^5
汽油	2.5×10^{13}	蒸馏水	1.0×10^6
苯	1.6×10^{13}	异丙醇	2.8×10^9

（2）介电常数。介电常数也称电容率，它同电阻率一起决定着静电产生的结果和状态。当流体的相对介电常数超过20，不论是管道连续输送还是储运，当有接地装置时都不可能产生静电积聚。

（3）空气湿度。空气中的湿度对静电积聚有很大影响，当相对湿度超过60%时，物体表面就会形成一层极薄的水膜，使表面电阻大为降低，成为静电的良导体，这样静电就不易积聚。

C   静电的预防

（1）从工艺上控制静电产生

1）合理设计与选材。合理选用原材料，尽可能使相互摩擦或接触的两种物质序列位置接近，以降低静电产生。在有火灾、爆炸危险的场所，设计设备管道尽可能光滑平整无棱角，管径无骤变；要严格控制物料杂质；尽量用能导电的三角皮带传动，运转速度要慢，要防止过载打滑、脱落；要尽量防止皮带与皮带罩接触或物体的相互摩擦，输送高电阻率液体应自底部注入或自器壁缓缓流入；尽量减少过滤器，并安装在管路的起端。

2）控制流速。对于液体物料的输送，主要是通过控制流速来限制静电的产生。不同管径的限制流速见表6-9。

表 6-9　管径与流速的规定

管径/m	流速/m·s⁻¹	管径/m	流速/m·s⁻¹
0.01	8.0	0.20	1.8
0.025	4.9	0.40	1.3
0.05	3.5	0.60	1.0
0.10	2.5		

3）控制压力。液体由喷口喷出时，要控制压力。喷口附近不得设障碍物，要注意喷口材质、形状的选择。气体物料自喷口喷出时，应尽量先将水雾和尘粒等杂质除去，喷出量要小，压力要低，管道应常常清扫。在液态二氧化碳喷出时，要防止带出干冰。

4）控制温度。当不同温度油品混合时，由于温差，出现扰动也会产生静电。

（2）防止静电积聚的措施。采取下列措施可以使静电不易积聚或积聚而不致使静电电压过高也可达到防静电危害的目的。

1）空气增湿。在工艺条件允许的情况下，增加空气中相对湿度可以降低静电非导体的绝缘性。一般相对湿度在 80% 时几乎不带静电，在 70% 时就能减少静电的危险。增湿方法可采用通风系统调湿、地面洒水及喷放水蒸气等。

2）加抗静电剂。使静电非导体增加吸湿性或离子性，从而改变物质的电阻率，加速静电电荷的释放。抗静电添加剂种类很多，如无机盐表面活性剂、半导体、高聚物以及电解质高分子成膜物等等。选用时要根据对象、目的、物料工艺状态以及成本、毒性、腐蚀性、使用场所及有效期等全面考虑。

在橡胶或塑料生产中可加入石墨、炭黑、金属粉末等材料制成防静电橡胶或塑料。化纤织物中加入 0.2% 季铵盐型阳离子抗静电剂就可使静电降到安全限度。在皮带上涂一层工业甘油（50%），由于吸潮，皮带表面形成一层水膜，也可达到防静电的目的。但对悬浮的粉状或雾状物质，任何静电添加剂均无效果。

3）静电接地。静电接地是将带电物体的电荷通过接地导线迅速引入大地，避免出现高电位，这是消除静电危害的一种基本措施。但它只能消除带电导体表面的自由电荷，对非导体的静电荷是无法导走的。静电接地的一般对象是：生产或加工易燃液体和可燃气体的设备及贮罐、气柜、输送管道、闸门、通风管道以及金属丝网、过滤器等；输送可燃性粉尘的管道和生产设备，如混合器、过滤器、压缩机、干燥器等；注油或有机溶剂设备和油槽车，包括注油栈桥、铁轨机、油桶、磅秤、加油管、漏斗容器及装卸油的船舶等；此外，在有火灾爆炸危险的场所或静电对产品质量、人身安全有影响的场所使用的金属用具、门把手、盲插销、移动式金属车辆、家具以及编有金属丝的地毯也应接地。

为防止感应带电，凡有火灾爆炸危险场所，平行管道间距小于 10cm 时，每隔 10m 平行管道连通一次。在相交管道间距小于 10cm 时，在相交或相近处也应连通。金属梁柱、构架与管道金属设备间距小于 10cm，也应相互连接并接地。

（3）采用中和电荷的措施。这方面的方法主要是装静电消除器。静电消除器实际上是一种离子发生器，它是以产生离子来消除静电危害的一种设备。

（4）人体防静电。

1）人体防静电措施。在进行工作时，穿防静电鞋，电阻应小于 $10^8\Omega$；禁止穿羊毛或化纤厚袜；穿防静电工作服或手套和帽子，不穿厚毛衣，在有爆炸危险和产生静电的危险场所应穿棉制品服装。

在人体必须接地的场所，应有金属接地棒，当手接触时即可导出人体静电。坐位工作，可在手腕上佩接地腕带等。

2）导电工作地面。产生静电场所的工作地面应是静电的导体，其泄漏电阻既要小到防人体积聚静电，又要考虑不会由于误触动力电导致人体伤害。此外，在容易产生静电的场所也可用定时洒水方法使混凝土地面、地板湿润，使橡胶、塑料贴面及油漆地面形成水膜，增加导电性。每班洒水至少 1～2 次，当大气相对湿度为 30% 以下时应多洒几次。

3）安全操作。在工作中尽量不做与人体静电放电有关的动作，如接近或接触带电体以及与地相绝缘的工作环境，在工作场所不穿脱衣服鞋帽等。

在有静电危险场所进行操作、巡视、检查等活动时，不得携带与工作无关的金属物品，如钥匙、硬币、手表、戒指等。在工作中应佩带好规定的劳防用品和防护工作服，工作有条理，动作要稳重，处理问题要果断。

6.2.4.5　自燃发热

设备检修和擦洗过程中所使用过的油抹布、油棉纱等，若不及时清理，可能导致棉布热量积聚，达到燃点后即可自燃。所以浸有油料的棉布等，必须及时回收，妥善处理。

6.2.4.6　其他火源

强光和热辐射等，都会导致易燃物的燃烧，如夏天强烈的日光照射会导致硝化纤维自燃，直至酿成火灾爆炸事故。大功率照明灯的长时间烘烤，也是火灾事故常见的原因。

6.2.5　爆炸危险场所防爆电气设备

电气设备或电气线路出现危险温度、电火花和电弧是引起可燃气体、蒸气和粉尘着火爆炸的一个主要点火源。

电气设备产生危险温度的原因是由于在运行过程中设备和线路的短路、接触电阻过大，超负荷和通风散热不良造成发热量增加，温度急剧上升，出现大大超过允许温度范围的危险温度，危险温度不仅能使绝缘材料、可燃物质和积落的可燃粉尘燃烧，而且能使金属熔化，酿成电气火灾。所以，应特别注意电气防火问题。

6.2.5.1　电气火花的种类

根据放电原理，电气火花有如下三种：

（1）高电压的火花放电。在高压电极附近，空气绝缘层先局部破坏，产生电晕放电，当电压继续升高时，空气绝缘层全部破坏，出现火花放电。火花放电的电压受电极形状、间隙距离的影响而不同，一般在 400V 以上。静电放电通常属于这一种。

（2）弧光放电。升闭回路、断开配线、接触不良、短路、漏电、打碎灯泡等情况下在极短时间内发生的放电为弧光放电。

（3）接点上的微弱火花。在低压情况下，接点的开闭过程中也能产生肉眼看得见的微小火花。在自动控制中用的继电器接点上或在电动机整流子、滑环等器件上产生的火花属于这一种。

生产过程中使用的电气设备或电气线路很难完全避免电火花的产生，但又不能禁止用电，因此在有火灾爆炸危险的场所必须根据物质的危险性正确选用不同种类的防爆电气设备。

6.2.5.2 爆炸性物质的分类

按照《火灾和爆炸危险环境电力装置设计规范》(GB 50058—92)的规定，爆炸性物质包括爆炸性气体、蒸气及粉尘。

（1）按环境条件和状态进行分类，爆炸性气体、蒸气、粉尘分为三大类：Ⅰ类，矿井甲烷；Ⅱ类，爆炸性气体、蒸气；Ⅲ类，爆炸性粉尘、纤维。

（2）按燃烧性、最大试验安全间隙和最小点燃电流及引燃温度进行分类，爆炸性气体、蒸气、粉尘分为若干级别和组别，如表6-10所示。

表 6-10 爆炸性气体分级分组举例

类和级	最大试验安全间隙 MESG/mm	最小点燃电流比 MICR	引燃温度（℃）与组别					
			T_1	T_2	T_3	T_4	T_5	T_6
			$T>450$	$450\geq T>300$	$450\geq T>300$	$450\geq T>300$	$450\geq T>300$	$450\geq T>300$
Ⅰ	MESG＝1.14	MICR＝1.0	甲烷					
ⅡA	MESG≥0.9	MICR＞0.8	乙烷 丙烷 丙酮 苯乙烯 氨苯 甲苯 氨 甲醇 一氧化碳 乙酸乙酯 丙烯腈	丁烷 乙醇 丙烯 丁醇 乙酸 丁酯 乙酸 戊酯 乙酸酯	戊烷 乙烷 庚烷 癸烷 辛烷 汽油 硫化氢 环己烷	乙醚 乙醛		亚硝酸乙酯
ⅡB	0.5＜MESG ＜0.9	0.45≤MICR ≤0.8	二甲醚 民用煤气 环丙烷	环氧乙烷 环氧丙烷 丁二烯 乙烯	异戊二烯			
ⅡC	MESG≤0.5	MICR＜0.45	水煤气 氢 焦炉煤气	乙炔			二氧化硫	硝酸乙酯

6.2.5.3 爆炸危险场所的区域划分

为了便于选择合适的电气设备和进行适当的电气设计安装，在有爆炸危险的场所，根据爆炸性物质出现的频率、持续时间和危险程度，按气体爆炸危险场所和粉尘爆炸危险场所两大类分别划分区域等级。

（1）爆炸性气体混合物危险环境区域分为：

1）0 级区域（简称 0 区，下同），指在正常情况下，爆炸性气体混合物连续、短时间频繁地出现或长时间存在的场所。

2）1 级区域（简称 1 区），指在正常情况下，爆炸性气体混合物有可能出现的场所。

3）2 级区域（简称 2 区），指在正常情况下，爆炸性气体混合物不可能出现，仅在不正常情况下偶尔短时间出现的场所。

（2）爆炸性粉尘或可燃纤维与空气的混合物危险环境区域分为：

1）10 级区域（简称 10 区），指在正常情况下，爆炸性粉尘或可燃纤维与空气的混合物，可能连续、短时间内频繁地出现或长时间存在的场所。

2）11 级区域（简称 11 区），指在正常情况下，爆炸性粉尘或可燃纤维与空气的混合物不可能出现，仅在不正常的情况下偶尔短时间出现的场所。

在进行以上区域划分时应当注意：正常情况是指设备的正常启动、停止、运行和维修；不正常情况是指有可能发生设备故障或误操作。划分爆炸危险区域还要考虑工作场所的通风、爆炸物质的爆炸极限、密度、气味和仪器检测等因素。

6.2.5.4　防爆电气设备类型

防爆电气设备的种类很多，但根据其防爆原理有以下三类：

（1）间隙隔爆原理。利用物质燃烧的器壁阻火理论使爆炸只局限在电气设备的内部，而不会引起外部爆炸性混合物爆炸。利用这一原理制成的防爆电气设备，目前有隔爆型、充砂型两种。

（2）不引爆原理。该原理在设计和结构上采取适当措施，限制火源、热源与爆炸性混合物的接触，如正压型、充油型防爆电气设备就是利用这一原理设计和制造的。

（3）减小、限制能量原理。该原理是采取适当的安全设计措施，最大限度地使电气设备不产生火花、电弧和危险温度，或把火花和温升限制在爆炸性混合物的点燃温度（或最小点火能量）以下，如增安型、无火花型和本质安全型防爆电气设备就是利用这一原理制造的。

防爆电气设备形式和标志有以下几种：

（1）隔爆型（d）。这种电气设备具有隔爆外壳，把能点燃爆炸性混合物的部件封闭在外壳内。该外壳能承受内部爆炸性混合物的爆炸压力，并阻止向周围的爆炸性混合物传播。

（2）增安型（e）。这种类型也叫防爆安全型，在正常运行条件下，这种电气设备不会产生点燃爆炸性混合物的火花或达到危险温度，并在结构上采取措施，提高其安全程度，以避免在正常和规定过载条件下出现点燃现象。

（3）本质安全型（i）。在正常运行或标准试验条件下所产生的火花或热效应均不能点燃爆炸性混合物的电气设备，也就是说这类电气设备产生的能量低于爆炸物质的最小点火能量。

（4）正压型（p）。这种电气设备具有保护外壳，且壳内充有保护气体（如惰性气体），其压力高于周围爆炸性混合物气体的压力，以避免外部爆炸性混合物进入外壳内部发生爆炸。

（5）充油型（o）。将可能产生火花、电弧或危险温度的部件全部浸在油中，使之不能点燃油面以上和外壳周围的爆炸性混合物。

（6）充砂型（q）。这种设备外壳内充填细砂颗粒材料，以便在规定使用条件下，外壳内产生的电弧、火焰传播、壳壁或颗粒材料表面的过热温度均不能点燃周围的爆炸性混合物。

（7）无火花型（n）。这种电气设备在正常运行的条件下不产生火花或电弧，也不产生能点燃周围爆炸性混合物的高温表面或灼热点，且一般不会发生有点燃作用的故障。

（8）防爆特殊型（s）。这是除上述类型以外的特别设计的防爆电气设备类型。

6.2.5.5　防爆电气设备的防爆标志

根据我国的规定，各种防爆电气设备都应标明防爆合格证号和防爆类型、类别、级别、温度组别等的铭牌作为标志。其分类、分级、分组与爆炸性物质的分类、分级、分组方法相同，等级参数及符号也相同。例如：电气设备 I 类隔爆型，其标志为 d I ；Ⅱ类隔爆型 B 级 T_3 组，其标志为 d Ⅱ BT_3 ；Ⅱ类本质安全型 ia 级 B 级 T_5 组，其标志为 ia Ⅱ BT_5 。如果采用一种以上的复合型防爆电气设备，须先标出主体防爆形式后再标出其他防爆形式，如：主体为增安型，其他部件为隔爆型 B 级 T_4 组，则其标志为 ed Ⅱ BT_4 。

6.2.5.6　防爆电气设备的选型

有爆炸危险的场所，必须考虑电气设备防爆。为了防止和减少爆炸事故的发生，有爆炸危险的场所的电气设备应尽可能设置在爆炸危险较小或无爆炸危险的区域内，并且如无特殊需要不宜使用移动式或携带式电气设备，这是爆炸危险场所设计、安装、选用电气设备所必须遵守的基本原则。

由于爆炸危险场所的爆炸危险物质各不相同，其危险性也不相同，因此，应根据爆炸危险场所的不同等级选用相应的防爆电气设备。一般应按照下列要求进行选型：

（1）防爆电气设备类型必须与爆炸危险场所的区域相适应。如用于 0 区的防爆电气设备只能是 ia 级的本质安全型和专门为 0 区设计的特殊型，不能使用隔爆型、增安型等其他类型的电气设备。

（2）电气设备的防爆性能必须与爆炸危险物质的危险性相适应。如使用乙烯的生产场所必须选 d Ⅱ BT_2 ，而不能选用 d Ⅱ AT_2 ；使用汽油的生产场所应选 d Ⅱ BT_3 或 e Ⅱ BT_3 ，不能选用 d Ⅱ AT_1 或 e Ⅱ BT_2 。

（3）在有爆炸危险的场所内同时存在两种以上的爆炸危险物质时，电气设备的防爆性能应满足危险程度较高的物质要求。如某生产场所内同时使用乙炔、丙烷两种气体，那么选择防爆电气设备时应满足乙炔的要求。

（4）应与环境条件相适应。由于使用电气设备的场所所处的环境条件不同，如雨雪、腐蚀性气体、高温、烟雾等，应在防爆结构上有所选择，并根据环境不同进行防护。又如在必须倾斜安装或安装移动式防爆电气设备时，不应采用防爆充油型。

（5）经济合理。要根据生产场所的性质和经营情况，经济合理地选用防爆电气设备，以保证生产场所的安全为目的，不要随意提高防爆等级，以免造成不必要的浪费。各种防爆电气设备的选型，可按表 6-11 的要求进行。

表6-11　气体爆炸危险场所电气设备防爆类型选型爆炸危险区域

爆炸危险区域	适用的防护形式	
	电气设备类型	符号
0 区	本质安全型（ia 级）	ia
	其他特别为 0 区设计的电气设备（特殊型）	s
1 区	适用于 0 区的防护类型	a
	隔爆型	d
	增安型	e
	本质安全型（ib 级）	ib
	充油型	o
	正压型	p
	充砂型	q
	其他特别为 1 区设计的电气设备（特殊型）	s
2 区	适用于 0 区或 1 区的防护类型 无火花型	n

6.2.6　监控报警

事故爆炸预防检测控制系统是预防爆炸事故的重要设施之一，包括信号报警系统、安全联锁装置和保险装置等。生产中安装信号报警装置是用以出现危险状况时发出警告，以便及时采取措施消除隐患。在信号报警系统中，发出的信号常以声、光、数字显示。当检测仪表测定的温度、压力、可燃气浓度、液位等超过控制指标时，警报系统即发出报警信号。安全联锁是将检测仪器和生产设施按照预先设定的参数和程序连接起来；当检测出的参数超过额定范围时，生产设施就自动停止作业程序，达到安全生产的目的。当信号装置指示出已经发生异常情况或故障时，保险装置自动采取措施消除不正常状况和扑救危险状态。

在事故爆炸的监控系统中，监测系统相对来说具有共性；而安全联锁装置与保险装置则与生产设施紧密相连具有个性。下面就监测系统中的监测仪表进行阐述。

6.2.6.1　事故爆炸预防监测系统

混合气体爆炸物的事故性爆炸，必须在具备一定的可燃气、氧气和点火源这三个要素条件下产生。因此，可以通过对这三要素的监测预报预防爆炸事故。其中，可燃气的偶然泄漏和积聚程度，是现场爆炸危险性的主要指标，相应使用的监测仪表和报警装备是监测现场爆炸性气体泄漏危险程度的重要工具。

爆炸事故的预防性监测系统是由携带式检测仪、固定式报警器及不同规模的监测网络所构成的。一个完整的监测网络通常由传感器、信号显示器、信号处理器、视听报警器、安全控制器、存贮记录仪、自检系统及电源等组成。根据监测装置中样品进样方式的不同，监测系统分为自然扩散和动力泵吸进样品两大类，前者响应速度较慢（约 $10 \sim 30s$），但结构简单、寿命长、轻便、价廉，后者则相反，响应速度仅 $1 \sim 5s$。

6.2.6.2　爆炸性气体浓度检测仪表

在爆炸性危险环境中常用的可燃气体检测仪，按工作原理可分为热催化、热导、气敏等三种。可燃气监测仪表按可测浓度区段可分为 LEL 级爆炸下限浓度段、$\times 10^{-6}$ 级低浓度污染段和（V）100% 级全浓度段等三类。

（1）热催化可燃气体检测仪。热催化检测原理如图 6-4 所示，在检测元件 R_1 的作用下，可燃气发生氧化反应，释放出燃烧热，其大小与可燃气浓度成正比，检测元件通常用铂丝涂催化剂制成。气样进入工作室后在检测元件上放出燃烧热，由灵敏电流计 M 指示出气样的相对浓度。这种仪表的满刻度通常等于可燃气的爆炸浓度下限。

催化燃烧型仪器主要用以测量 0 ～ LEL（爆炸浓度下限）浓度范围的可燃气体，不受检测环境背景气（如二氧化碳、水蒸气）的干扰，能自动补偿环境温度的影响，测量精度较高。其缺点是催化检测元件会因催化毒害物质（如硫化氢、硅、铅、砷等）而发生中毒现象，失去检测性能，使用时应注意环境中的催化毒害物质。

（2）气敏可燃气体检测仪。气敏可燃气体检测原理如图 6-5 所示，当气敏半导体检测元件吸附可燃性气体后，电阻大大下降（可由 50kΩ 下降至 10kΩ），与检测元件串联的微安表可给出气样浓度的指示值。该图中 GS 为气敏检测元件，由电源 U_1，加热到 200 ～ 300℃。气样经扩散到达检测元件，引起检测元件电阻下降，与气样浓度对应的信号电流在微安表 M 上指示出来。U_2 是检测元件电阻用的电源。

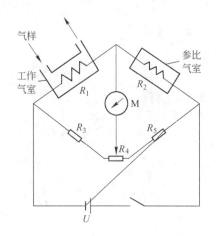

图 6-4 催化检测与热导检测原理图

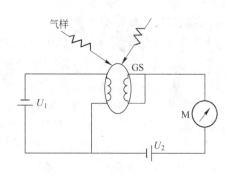

图 6-5 气敏检测电路

气敏型仪器的优点是测量灵敏度高，适于微量（100×10^{-6} 级）检测，没有元件中毒问题，使用寿命长；缺点是检测输出与气样浓度的关系因吸附饱和效应而成非线性。因此，用在测试爆炸下限数量级上进行定量测量时误差较大。国产型号为 SP-102 型、SP-112 型。

（3）热导性可燃气体检测仪。这类检测仪的原理是利用被测气体的导热性与纯净空气导热性的差异，把可燃气体浓度转换成加热丝温度和电阻的变化。热导性仪器主要用以测量 0 ～ 100%（体积分数）高浓度范围的可燃性气体或 LEL 以上浓度范围的气体。该类检测仪器有日本的 NP-237 型和 XP-314 型等。

6.2.6.3 固定式报警器

固定式报警器用于自动监视生产场所的气样浓度，在气样浓度达到预设报警值时，发生可视或可听报警信号。

　　固定式报警器一般由传感器、采样泵、放大器、显示器、视听报警部件、自检控制器和供电电源等部件组成。这些部件可组装成一个整体或分开组装，但必须符合国家电器防爆要求。报警器按其功能可分为模拟量超限报警器和数字量超限报警器。模拟量超限报警器的浓度显示分为指针式及无浓度指针两种，后者仅有报警功能，结构简单，价廉。数字量超限报警器具有报警功能并可直接以数字显示可燃气浓度，因此检测量可靠精确。

　　除上述固定式报警器外，先进的报警系统还设置报警控制装置，它将可燃气报警器与生产设备中的安全设施组合成报警控制联锁装置；在报警的同时，相应启动抑爆剂喷射器和通风机等设备，可以最大限度赢得避免爆炸事故发生的宝贵时间。在生产过程复杂、生产规模较大的企业中，为了提高防爆能力和抑爆效果，已开始采用控制中心式的智能化监测控制系统。

6.2.6.4　防爆检测仪表的选择

　　防爆检测仪表应根据使用目的来选择，使用目的可分为静态检定和动态监视两种。一般对停止运转的设备使用静态检定法，如管路已经切断并经清洗的空油罐，在动火前做静态检定；对运转中的设备和车间宜用动态监视法，如汽油泵和管路阀门等比较容易发生密封失效的设备，都采用动态监视。

　　防爆检测仪表选择可分为按功能选择和按探测原理选择两种方式。

　　按功能选择防爆检测仪表时可以分为以下四种场合：

　　（1）浓度变化缓慢场所，选用携带式检测仪；

　　（2）浓度变化较大场所或生产中关键部位，选用固定式报警器；

　　（3）爆炸危险性较大，需要自动防爆保护的场所，选择报警控制器；

　　（4）爆炸危险性高的企业（如石油化工企业等），选用智能化监测控制系统。

　　按探测原理选择，可以分为以下三种：

　　（1）微量泄漏探测，选用气敏半导体型；

　　（2）爆炸浓度下限监控，选用催化燃烧型；

　　（3）高浓度测定，选用热传导型。

6.3　爆炸控制技术

　　工业生产中，为了避免发生爆炸事故，采取了多种预防技术，但是，事故总是偶有发生，为了在预防技术失效发生爆炸时减少损失，还应当采取一定的爆炸控制技术。

　　爆炸控制技术是指当爆炸发生后如何在初期采取泄压、抑制技术以减少设备、容器的损害程度，采取封闭、阻隔技术以避免灾害扩大及殃及邻近设施与环境。

6.3.1　阻隔防爆

　　阻隔防爆是通过某些隔离措施防止火焰窜入装有可燃混合物的设备或装置中的防爆技术。按照作用机理，阻隔防爆可分为机械隔爆和化学隔爆两类。机械隔爆是依靠某些固体或液体物质阻隔火焰的传播，化学隔爆则主要是通过释放某些化学物质来阻挡火焰的传播。

机械隔爆装置主要有工业阻火器、主动式隔爆装置和被动式隔爆装置等。工业阻火器是装在管道中的可以阻止火焰传播的装置；主动式隔爆装置是通过某种传感器探测器探测到爆炸信号，从而使隔断机构动作以防止爆炸进一步发展；被动式防爆装置则是依靠爆炸波本身引发隔断机构动作来控制爆炸的进一步发展。其中，工业阻火器的形式最多，应用范围也最广泛，主要有机械阻火器、液封阻火器、料封阻火器。下面分别介绍几种阻火器的结构形式与特点。

6.3.1.1 机械阻火器

机械阻火器内装有某种孔隙（或缝隙）很小的材料，使火焰无法由材料的孔隙中传播过去，其阻火的主要机理是材料的冷却效应，由于火焰区的热损失急剧增大，以致使燃烧反应无法维持。此外，固体表面还可以破坏火焰中的可促进反应的活性基团，只有当材料的孔隙小到一定程度才具有这种效应。在实际应用中，为了加强安全，阻火材料的最大孔径应当仅为该处可能出现的预混火焰的猝熄直径的几分之一。

机械阻火器内的常用材料有金属网、砾石、波纹金属片、泡沫金属材料、多孔板等。图6-6为若干有代表性的阻火器的结构示意图。

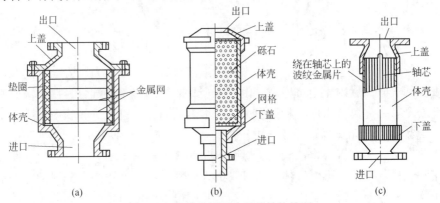

图6-6 几种机械阻火器的结构简图
（a）金属网阻火器；（b）砾石阻火器；（c）波纹金属片阻火器

（1）金属网阻火器中设置了若干金属层，其通常用直径为 0.4~0.6mm 的铜丝编成，网孔数为 210~250 个/cm^2。对于普通可燃气体，采用 4~6 层网便可阻火，但从安全角度考虑，多数阻火器内的金属网不少于 10 层。

（2）砾石阻火器用砾粒、玻璃球、铜屑、不锈钢屑等作为填料，使阻火器内形成很小的间隙，其阻火效果比金属网式的好。试验证明，在直径为 150mm 的阻火器管内，加 100mm 厚的砾石层可以阻止各种火焰的蔓延。但这种阻火器的流动阻力较大。

（3）波纹金属片阻火器的阻火材料是用平板与波纹板并行叠放或卷制而成的。采取波纹板并行叠放时，两块板之间形成许多具有相当深度的三角形孔，火焰很难穿过如此深的小孔。这种阻火器为方箱形。将较长的波纹板与平板绕在一轴上也是一种常用的形式，这种阻火器是圆形的。波纹板与平板一般为铝、铜或不锈钢材料，厚度为 0.2~0.5mm。

阻火器的内径大小与外壳长度应根据管道的直径和位置确定，表6-12列出了两者配用时的参考值。

表6-12   阻火器的内径大小、外壳长度与管道直径的关系

管道直径/mm	阻火器内径/mm	阻火器外壳长度/mm	
		波纹金属片式	砾石式
12	50	100	200
20	80	130	230
25	100	150	250
38	150	200	300
50	200	250	350
65	250	300	400
75	300	350	450
100	400	450	500

6.3.1.2   液封阻火器

液封阻火器以液体为阻火介质，目前使用最广泛的阻火介质是水。水封阻火器分为敞开式和封闭式两种类型。

（1）敞开式水封阻火器适用于压力较低的燃气系统。这种系统主要由罐体、进气管、安全管、出气管及水位阀等几部分组成，图6-7为一种代表性结构示意图。在正常工作状态下，可燃气体从进气管进入罐内，从出气管溢流，罐内气体压力与安全管内水柱保持平衡。当发生回火时，罐内压力将增高，由于安全管的长度短于进气管，插入水面的深度较浅，因此安全管首先离开水面，从而使火焰被水阻隔而无法进入进气管内。

（2）封闭式水封阻火器适用于压力较高的燃气系统。这种系统主要由罐体、进气管、逆止阀、分气板、分水管、水位阀及防爆膜等几部分组成，图6-8为一种代表性结构示意图。在正常工作状态下，可燃气体从进气管进入罐内，再经逆止阀、分气板、分水板和分水管逸出。当发生回火时，罐内压力将增高，并压迫水面使逆止阀瞬间关闭，进气管暂停供气。与此同时，倒窜的火焰气体可冲破罐体顶部的防爆膜，散发到大气中去，从而有效防止了火焰进入进气管内。需要指出的是，在回火过程中，逆止阀只能起暂时切断可燃气

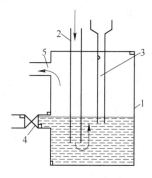

图6-7   敞开式水封阻火器
1—罐体；2—进气管；3—安全管；
4—水位阀；5—出气管

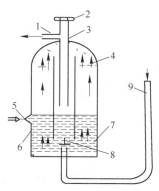

图6-8   封闭式水封阻火器
1—出气管；2—防爆膜；3—分水管；
4—分水板；5—水位阀；6—罐体；
7—分气板；8—逆止阀；9—进气管

源的作用。因此，一旦发生回火事故时，必须关闭燃气总阀，并在更换防爆膜后才能继续使用。

使用水封阻火器时应随时注意监控水位，保证其不得低于水位计标定位置；但也不应过高，否则不仅可燃气难以通过，而且水还有可能随可燃气体一起进入出气管。在冬季使用水封阻火器时，工作完毕后把水全部排出，以免发生冻结。

6.3.1.3　主动式隔爆装置

主动式隔爆装置适宜在含杂质较多的气体输送管道中使用，它依靠某种元件动作实施火焰阻隔，只有在爆炸发生的情况下才起作用。主动式隔爆装置包括自动灭火剂阻火装置、快速关闭阀、料阻式速动火焰阻断器等类型。

（1）自动灭火剂阻火装置适合在输送可燃粉尘管道中使用，尤其是狭窄管道中使用，可在预先确定的位置切断粉尘爆炸产生的火焰传播途径。火焰探测器探测到火焰信号后，经适当放大便可引爆灭火剂储罐出口的雷管，喷出灭火剂以扑灭管道内火焰，从而使爆炸得以阻隔，如图6-9所示。自动灭火剂阻火装置动作时无须关闭管道，可保证生产操作继续进行。

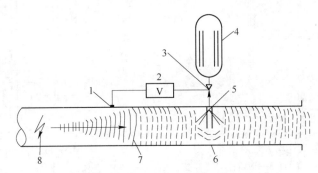

图6-9　自动灭火剂阻火装置

1—火焰探测器；2—放大与控制器；3—雷管启动的活门；4—灭火剂容器；
5—扇形喷嘴；6—喷撒灭火剂；7—火焰前部；8—点燃源

自动灭火剂阻火装置也可用于甲烷、丙烷、溶剂蒸气乃至氢气等爆炸的抑制，不过，抑制可燃气体爆炸所需的灭火剂用量至少要比抑制粉尘爆炸所需用量高3倍以上。

（2）快速关闭阀可分为闸阀和叠阀两种类型。快速关闭闸阀的工作原理为：当探测器探测到爆炸信号后，通过雷管爆炸来开启气罐活门，喷出高压气体，推动闸板迅速关闭管道。这种阀门关闭时间一般只需50ms。

快速关闭叠阀的工作原理为：爆炸信号被放大后开启储气罐活门，喷出高压气体，通过推动闸板快速转动实现管道封闭，从而使火焰传播受到阻隔。因此，在储气罐压力相同的条件下，快速关闭叠阀的储气罐压力相同的条件下，快速关闭叠阀的响应速度要比快速关闭闸阀更快，完全封闭管道所需时间一般为30ms。

（3）料阻式速动火焰阻断器主要用于阻隔可燃气体蒸气与空气混合物输送管道中产生的火焰，主要由本体、储筒和顶盖等组成，图6-10为一种代表性结构示意图。阻断物采用沙子等粒状物料。阻断物上部设有膜片，下部依次为膜片和2个可弯折支撑板及保护膜，顶盖上方设有发火药包。

当有电脉冲输入时，发火药包受触发爆炸，喷出的气体迅速冲破上膜片，将粒状物料往下压，支撑板受粒状物料压力作用向下弯曲，将阻断器进出口堵住，粒状物料随即将阻断器腔膛填实。这种阻火器在发生动作后虽不能把管路截然堵死，但能够完全阻止火焰通过。

6.3.1.4　被动式隔爆装置

常用的被动式隔爆装置主要有自动断路阀、管道换向隔爆等形式。

（1）自动断路阀主要由阀体和切断机构组成，图6-11为一种代表性结构示意图。这种阀门带有进口与出口短节。切断机构包括驱动和换向构件，换向构件包括传动件和换向滑阀，换向滑阀借助弯管将驱动机构本体内腔与阀体内腔连通，或与大气相通。

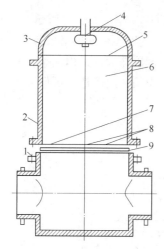

图6-10　料阻式速动火焰阻断器

1—本体；2—储筒；3—顶盖；
4—发火药包；5—上膜片；6—阻断物；
7—膜片；8—支撑板；9—保护膜

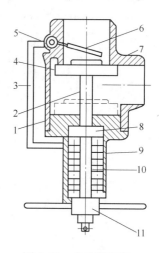

图6-11　自动断路阀

1—阀体；2—阀杆；3—弯管；4—阀芯；
5—换向滑阀；6—传动件；7—阀座；
8—活塞；9—本体；10—弹簧；11—螺母

在正常情况下，阀芯与阀座相互脱离，活塞压住弹簧，本体内活塞上方空间经弯管及换向滑阀与阀体内腔连通，进入通道的工艺介质从阀杆一侧向活塞施加压力，使弹簧处于压缩状态，断路阀处于开路状态。而当工艺管线内压力下降到一定程度后，在弹簧弹力作用下将活塞顶起，将工艺介质从本体内腔中挤出，从而使切断机构处于闭路状态，当发生爆炸时，传动件带动换向滑阀动作，使活塞上方空间与大气连通，压力急速下降，断路器随机关闭。排除事故后，利用套在螺杆上的螺母打开断路阀，使换向滑阀复位，待工艺管线压力恢复正常后，再将螺母拧至最低位置，断路阀重新调整回动作前的状态。

（2）管道换向隔爆装置主要由进口管、出口管和泄爆盖等组成，其结构如图6-12所示。气体在进口管和出口管连接段的流动方向发生180°或90°转变，当爆炸火焰从进口进入时，会在惯性作用下向前传播，于是泄爆盖被爆开，大部分火焰也会很快被熄灭。此外还必须注意防止"熄火"现象，即装置中出现的负压将高温的可燃气体或粉尘由进口管吸入出口管，这仍可能造成危害。因此，为保护隔爆安全，管道换向隔爆装置最好与自动灭火装置联合使用。

6.3.2 爆炸抑制

6.3.2.1 爆炸抑制系统的组成及原理

爆炸抑制是在火焰传播显著加速的初期通过喷洒抑爆剂来抑制爆炸的作用范围及猛烈程度的一种爆炸控制技术。

抑爆系统主要由爆炸信号探测器、爆炸抑制器和控制器三部分组成，当高灵敏度传感器探测到爆炸发生瞬间的危险信号后，通过控制器启动爆炸抑制器，迅速把抑爆剂喷入被保护的设备内，将火焰扑灭，从而抑制爆炸的进一步发展。

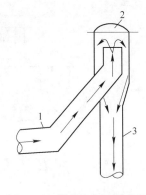

图 6-12　管道换向隔爆装置
1—进口管；2—泄爆盖；3—出口管

（1）爆炸信号探测器。目前用于爆炸信号探测的传感器主要有热敏传感器、光敏传感器及压力传感器等。

1）热敏传感器主要有热电偶、热敏电阻等，其动作速度和灵敏度能满足自动抑爆系统的技术性能要求，但只有当其与火焰直接接触时才能探测到爆炸源。因此，采用热敏传感器时必须预先知道设备内发生爆炸火源的确切部位。热敏传感器多与其他类型的传感器结合使用，以组成复合的爆炸信号探测系统。

2）光敏传感器的敏感度高、动作速度快，当将其与滞后时间很短（$10^{-4} \sim 10^{-6}$s）的辐射能接收器结合使用时，就可以在爆炸的最初阶段发现危险信号。光敏传感器在可燃气体防爆中得到了广泛的应用，不过并不适用于粉尘抑爆系统，主要是当粉尘浓度很高时红外线难以穿透，另外由于粉料加工的特点会使设备的所有内表面都蒙上一层透明度很差的粉尘，而这也会严重影响光敏探测器的性能。

3）压力传感器的类型很多，主要有膜片式、压电式、应电式以及压力继电器等类型，其触发信号可分为压力触发式和压力上升速率触发式。压力传感器广泛应用于粉尘爆炸抑制系统，不过由于其响应时间滞后于光电传感器，利用压力传感器探测初始爆炸信号，对火焰的控制难度相对有所增大。

（2）爆炸抑制器。爆炸抑制器是自动抑爆的执行机构，其功能是将抑爆剂迅速、均匀地喷撒到整个设备中去。抑爆剂储罐的内压可以是预先存储的压力，也可通过化学反应来获得。抑爆器主要有爆囊式、高速喷射式和水雾喷射等几种类型。

1）爆囊式抑爆器又分为半球形、球形和圆筒形等几种形式，见图6-13，爆囊一般用于装填液体抑爆剂，丝堵用于堵塞装料孔，起爆管外部设有密封套管，外电源通过接线盒引入。为保证抑制剂能均匀分布到整个空间，起爆管爆炸时爆囊必须能完全破碎。爆囊材料可以是玻璃、金属或塑料，为使爆囊的破碎均匀、充分，其表面一般要刻出一些槽。爆囊式抑爆器一般能在5ms内将液态抑爆剂释放出去，初始喷射速度在200m/s以上，作用范围在2m以内。爆囊式抑爆器主要用于管道、传送带及斗式提升机等小容量设备，但不适宜在高温和腐蚀性环境下使用。

2）高速喷射式抑爆器主要由抑爆罐、喷头电雷管启动阀门、抑爆剂以及喷射推动剂等组成。抑爆剂储罐一般安装在设备外部，通过短管与喷头将抑爆剂喷入设备内。因此，阀门必须在接到动作信号后10ms之内使整个横断面完全开启，并在极短时间内喷出全部抑爆剂。高速喷射抑爆器适用于体积大的设备，而且允许抑爆时间较长，抑爆剂可以是液

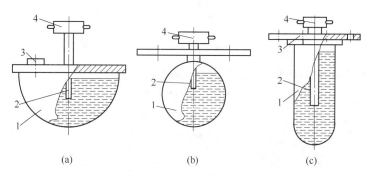

图 6-13　爆囊式抑爆器
（a）半球形；（b）球形；（c）圆筒形
1—爆囊；2—起爆管；3—丝堵；4—接线盒

体或粉剂。喷射抑爆器的性能主要取决于 N_2 的推动压力和阀门出口直径。阀门出口直径越大，抑爆效率越高，N_2 推动压力越大。但由此所引起的设备内超压也就越高，因此，使用前应当测定设备强度，以免在抑爆过程中对设备造成损坏。高速喷射抑爆器罐的容积一般为 3.45L，喷射剂多为 N_2，其压力可达 12MPa，喷射阀门内壁直径为 19～126mm。

6.3.2.2　抑爆剂种类

常用抑爆剂主要有化学粉末、水、卤代烷及混合抑爆剂等类型。

（1）卤代烷抑爆剂。卤代烷抑爆剂对可燃气体与空气的混合物具有较强的抑爆灭火能力，也可用于抑制可燃液体及粉尘的爆炸。常用卤代烷抑爆剂主要有 1211、1301 等。使用卤代烷抑爆剂时，必须在着火后，立即快速喷入被保护容器内。由于卤代烷对大气臭氧层具有破坏作用，目前已逐渐被其他抑爆剂所取代。

（2）粉末抑爆剂。粉末抑爆剂对于抑制粉尘爆炸具有良好的效果。常用的粉末抑爆剂有全硅化小苏打干粉抑爆剂和磷酸铵盐粉末抑爆剂。全硅化小苏打干粉抑爆剂主要由碳酸氢钠（质量分数 92%）、活性白土（质量分数 4%）、云母粉、抗结块添加剂（质量分数 4%）以及一定量的有机硅油等组成。磷酸铵盐粉末抑爆剂主要由碳酸二氢铵、硫酸铵、催化剂以及防结块添加剂等组成。在容器强度合适的条件下，磷酸铵盐粉末的动作压力选择范围较大，甚至在启动压力大于 0.01MPa 情况下仍具有很好的抑爆效果。

（3）水系抑爆剂。对于粮食、饲料等粉尘的爆炸常用水作抑爆剂。试验表明，即使在压力较高的条件下，水抑爆剂仍可显著降低粉尘爆炸压力和压力上升速率。为了提高水的喷射和灭火能力，水抑爆剂中往往加入多种添加剂，使之具有防冻、防腐、减阻和润湿等性能。

（4）混合抑爆剂。混合抑爆剂由粉末抑爆剂和卤代烷抑爆剂等混合而成。主要性能特点是在对被保护容器设备进行成功抑爆后，卤代烷还能进一步起到一定的惰化作用。

6.3.2.3　抑爆技术的适用范围

抑爆技术可用于在气相氧化剂中可能发生爆炸的气体、油雾或粉尘的任何密闭容器中，例如，加工设备（包括反应容器、混合器、搅拌器、研磨机、干燥器、过滤器和除尘器等）、储存设备（包括常压或低压罐、高压罐等）以及可燃粉尘的气力输送管道系统等。

抑爆技术可以避免有毒或易燃易爆物料以及灼热气体、明火等窜出设备，对设备强度的要求相对较低，一般其耐压只需 0.1MPa 以上即可。抑爆技术不仅适用于那些在泄爆过程易发生二次爆炸或无法开设泄爆口的设备，而且对所处的位置不利于泄爆的设备同样适用。

抑爆技术主要适用于抑制氧化剂中发生的燃烧爆炸，抑爆剂必须在充分分散条件下才能发挥抑爆作用，而且其抑爆效果与设备中发生的化学反应有关。

6.3.2.4 抑爆系统的设计要求

在设计抑爆系统时，应依据可燃物的燃烧爆炸特性、被保护设备的特点、可用的检测技术等，确定爆炸探测器、抑爆剂及相关装置，并估算抑爆剂的用量。

应当依据爆炸的特点选择合适的爆炸探测器。例如压力上升速率探测器主要用于设备的正常工作压力低于 87.5kPa 的情况；在设备的正常工作压力接近大气压力时，应使用恒定压力上升值检测器。对于与大气相通的系统应使用辐射检测器，以阻止初始阶段的压力发展。检测器回路发生故障时，监测系统应能及时报警。

为了迅速释放抑爆剂，应当使用灵敏、可靠的电引爆器。电引爆器的最大温度不得超过其允许温度；应不断监测电引爆器线路，当电引爆器线路发生中断时，监测系统应发出警报。

抑爆剂必须与被保护空间中的可燃物相容，必须在被保护空间可能出现极端温度下仍保持有效性。抑爆剂控制器必须能适应生产环境的温度及振动，同时还应具有较强的抗干扰能力。

抑爆系统的各个部分必须按设计要求安装在指定位置，必须采取适当的措施以防止检测器和抑爆剂释放装置因灰尘积聚而不能正常工作。

抑爆系统启动还有可能会触发其他装置或系统，如快速隔离器、快速气动传输系统制动或泄爆口泄压等，应当处理好这些系统的协调动作。

6.3.3 爆炸泄压

爆炸泄压（简称泄爆）是被广泛应用的一种爆炸防护技术，它具有成本较低和较易实现等特点。其含义是，在爆炸初始或扩展阶段，将厂房或设备内的高温高压燃烧爆炸物和未燃物，通过强度最低的部位（即泄压口），向安全方向泄出，使厂房、设备免遭破坏。爆炸泄压技术的作用可由图 6-14 定性加以解释：曲线 A 表示一种无泄压装置而强度足够大的容器中，粉尘爆炸压力随时间变化的情况；曲线 B 表示一种容器强度为 p_s，在容器上开一较小的泄压口，爆炸泄压时其最大爆压仍超过容器的强度，容器仍被破坏。如泄压口开得足够大，爆炸后的最大压力如曲线 C 所示，低于容器强度，容器未被破坏。

爆炸泄压技术主要用于可燃气体

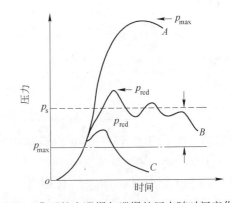

图 6-14 典型的未泄爆与泄爆的压力随时间变化曲线

或可燃粉尘与空气形成的爆炸性混合物发生爆炸时的泄压，不适用于爆轰。

6.3.3.1　爆炸泄压装置的分类

（1）泄爆装置按启动原理分为从动式与监控式。从动式泄爆装置的开启靠压力冲击波打开，监控式靠电气自控系统触发开启。前者价廉简易，而后者比较精确，有利于实现生产防爆自动控制。

（2）泄爆装置按其结构分为敞开式与密闭式。敞开式可分为全敞口式、百叶窗式、屋顶天窗式泄压装置；密闭式分为爆破膜式（泄爆膜式、爆破片式）和泄爆门（重型泄爆门、轻型泄爆门）。

6.3.3.2　敞开式爆炸泄压装置

（1）敞口式爆炸泄爆孔。标准全敞口式泄爆孔是无阻碍、无关闭物的孔口，是最有效的泄爆孔，它适用于不要求全部封闭的设备（也适用于南方部分建筑），如可以不考虑恶劣气候、环境污染和生产中物料损失等条件，最宜采用敞口泄压孔。

（2）百叶窗式爆炸泄压装置。在泄爆口安上固定的百叶窗可看作是近似敞口泄压孔，百叶窗板的存在增加了泄爆阻力，实际上减小了净自由泄压面积，但可以适当保护建筑物或设备内置物品。

（3）屋顶天窗式爆炸泄压装置。在有爆炸危险的建筑的屋顶上安装简易和不耐压的屋顶天窗，当发生爆炸时，这种门窗可极易被打开，提供大的无阻挡的泄压孔。

6.3.3.3　密闭式爆炸泄压装置

（1）爆破膜（片）式泄爆装置。爆破膜式泄爆装置泄爆效率高，其开启压力误差是所有密闭式泄爆装置中最小的。其缺点是爆破膜只能一次性使用，发生爆炸后需要更新，同时，爆炸后形成孔口，空气会从泄爆口进入设备，使粉尘继续燃烧；膜片使用一定时间后容易老化腐蚀，需定期更换，否则，容易使开启压力降低，过早泄爆影响生产。爆破膜和泄爆硬板材料如表6-13所示。爆破膜式泄爆装置的质量主要与膜片的材料有关。泄爆面积相同时，控制开启压力大小的关键是膜或片的抗拉强度和厚度。图6-15为组合式爆破片式泄爆装置的结构图。

表6-13　一些爆破膜和泄爆硬板材料

材料名称	特性	材料名称	特性
牛皮纸	易破碎，好泄爆膜，但较脆弱，在温度高时不稳定	橡胶布粘铝箔	防水性能和抗天气损害性能好
蜡纸	与牛皮纸相同，但抗湿性较好	塑料膜	
纸/铝薄片		铝片	
塑料浸纸	抗湿性好，但不如牛皮纸易碎	聚苯泡沫硬板	
塑料浸布		橡胶压缩纤维轻质保温板	

（2）泄爆门。泄爆门是一种可以反复使用的密闭式爆炸泄压装置，这种装置具有高达96%的泄爆效率，并具有自动关闭和开启以及压力误差小的功能。这类泄爆装置可分为轻型泄爆门和重型泄爆门两类，轻型门由于泄爆效率较高，在建筑、筒仓以及管道中都广泛应用。泄爆门一般由泄爆盖、固定轴、夹紧元件、密封安装部件等组成。泄爆时将门

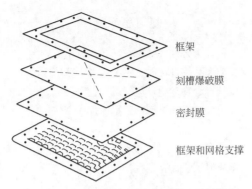

图6-15 组合式爆破片式泄爆装置结构图

打开后，可以通过自动和手动两种方式将门重新关闭。

6.3.3.4 建筑物爆炸泄压面积

对于有可燃气体、可燃粉尘爆炸危险的建筑，采用爆炸泄压结构，是避免建筑主体遭到破坏的最有效的技术措施之一。建筑厂房泄压装置可采用轻质板制成的屋顶和易于泄压的门、窗（应向外开启），也可轻质墙体泄压。当厂房周围环境条件较差时，宜采用轻质屋顶泄压。常用材料是石棉水泥波形瓦，那些遇火可燃的木质纤维波形瓦因耐水性能差，塑料因易燃，金属网水泥因不易破碎等，都不宜使用。

建筑物泄压面积可由下式计算：

$$F = f \cdot V \qquad (6-4)$$

式中　F——泄压面积，m^2；

　　　V——建筑物室内容积，m^3；

　　　f——泄压比，即泄压面积与室内容积之比，m^2/m^3。

为确保建筑结构安全，按相关规范要求，推荐泄压比为 $0.05 \sim 0.22 m^2/m^3$（单位建筑体积应开口的泄压面积）；对爆炸介质威力较强或爆压上升速率较快的建筑，应尽量加大比值；对容积超过 $1000 m^3$ 的建筑，可适当降低，但不应小于 $0.003\ m^2/m^3$。表6-14列出了厂房爆炸危险的等级与泄压比值。

表6-14　厂房爆炸危险的等级与泄压比值

厂房爆炸危险等级	泄压比值/$m^2 \cdot m^{-3}$
弱级（谷物，纸，皮革，铝，铬，铜等粉尘，醋酸蒸气）	0.0334
中级（木屑，炭屑，奶粉，锑、锡等粉尘，乙烯树脂，尿素，合成树脂粉尘）	0.0667
强级（充满煤气的淀粉，油漆干燥或热处理室，醋酸纤维，苯酚树脂粉尘，铝、镁、锆等粉尘）	0.2
特级（丙酮，汽油，甲醇，乙炔，氢等）	>0.2

6.3.3.5 爆炸泄压装置的选择

泄爆装置主要根据生产要求严密程度、设备压力高低、泄爆频率大小、易腐蚀或老化程度、使用年限、温度和安装位置进行选择。对于没有保温、保湿等特殊要求的建筑物，无覆盖物的敞口爆炸泄压装置泄爆效率最高；如果要求密闭，或开启压力要求很严、设备较易腐蚀、泄爆频率不高，以采用泄爆膜为宜；其他情形，则以选取泄爆门等永久性爆炸泄压装置为宜。

复习思考题

6-1　结合爆炸事故的发展过程，简述灾害性爆炸事故防控的基本原则。

6-2　什么是惰化防爆？进行惰化防爆系统设计时，主要应考虑哪些因素？

6-3　爆炸性可燃气体及粉尘与空气混合物危险环境区域如何划分？

6-4　简述常用防爆电气设备防爆类型、每种类型的防爆原理。

6-5　简述机械阻火器阻爆原理。

6-6　简述主动式爆炸抑制（主动式隔爆）系统组成及工作原理。

6-7　什么是爆炸泄压，常见的爆炸泄压装置有哪些？

参 考 文 献

[1] 范维澄，王清安，姜冯辉，等．火灾学简明教程［M］．合肥：中国科学技术大学出版社，1995.

[2] 霍然，胡源，李元洲．建筑火灾安全工程导论［M］．合肥：中国科学技术大学出版社，1999.

[3] 程远平，李增华．消防工程学［M］．徐州：中国矿业大学出版社，2002.

[4] 中华人民共和国公安部消防局．中国消防手册：第3卷［M］．上海：上海科学技术出版社，2006.

[5] 李引擎，等．建筑防火性能化设计［M］．北京：化学工业出版社，2005.

[6] 李亚峰，马学文，张恒，等．建筑消防技术与设计［M］．北京：化学工业出版社，2004.

[7] 蒋永琨，王世杰，等．高层建筑防火设计实例［M］．北京：中国建筑工业出版社，2004.

[8] 范维澄，孙金华，陆守香，等．火灾风险评估方法学［M］．北京：科学出版社，2004.

[9] 建筑消防技术规范编写组．建筑消防技术规范［M］．北京：化学工业出版社，2006.

[10] 蒋永琨，等．高层建筑防火设计手册［M］．北京：中国建筑工业出版社，2000.

[11] 郑端文，刘海辰．消防安全技术［M］．北京：化学工业出版社，2004.

[12] 孙景芝，韩永学．电气消防［M］．北京：中国建筑工业出版社，2006.

[13] 陈宝智．危险源辨识控制及评价［M］．成都：四川科学技术出版社，1996.

[14] 陈宝智．系统安全评价与预测［M］．北京：冶金工业出版社，2005.

[15] 张树平，等．建筑防火设计［M］．北京：中国建筑工业出版社，2001.

[16] 钟茂华．火灾过程动力学特性分析［M］．北京：科学出版社，2007.

[17] 日本建设省．建筑物综合防火设计［M］．孙金香，高伟，译．天津：天津科技翻译出版公司，1994.

[18] 李东明，等．自动消防系统设计安装手册［M］．北京：中国计划出版社，1996.

[19] 万俊华，等．燃烧理论基础［M］．哈尔滨：哈尔滨工程大学出版社，2008.

[20] 严传俊，等．燃烧学［M］．西安：西北工业大学出版社，2005.

[21] 李永华，等．燃烧理论与技术［M］．北京：中国电力出版社，2011.

[22] 霍然，等．火灾爆炸预防控制工程［M］．北京：机械工业出版社，2007.

[23] 张英华，等．燃烧与爆炸学［M］．北京：冶金工业出版社，2010.

[24] ［日］安全工学协会．爆炸［M］．陈汉亮，译．武汉：冶金部安全教育中心，1986.

[25] 魏伴云，李红杰．火灾与爆炸灾害安全工程学［M］．北京：中国地质大学出版社，2011.

[26] 狄建华．火灾爆炸预防［M］．北京：国防工业出版社，2007.

[27] 王海福，冯顺山．防爆学原理［M］．北京：北京理工大学出版社，2004.

[28] 冀和平，崔慧峰．防火防爆技术［M］．北京：化学工业出版社，2004.

[29] 解立峰，等．防火与防爆工程［M］．北京：冶金工业出版社，2010.

冶金工业出版社部分图书推荐

书　名	作　者	定价（元）
安全生产与环境保护（第2版）	张丽颖	39.00
安全学原理（第2版）	金龙哲	35.00
大气污染治理技术与设备	江　晶	40.00
典型砷污染地块修复治理技术及应用	吴文卫　毕廷涛　杨子轩　等	59.00
典型有毒有害气体净化技术	王　驰	78.00
防火防爆	张培红　尚融雪	39.00
防火防爆技术	杨峰峰　张巨峰	37.00
废旧锂离子电池再生利用新技术	董　鹏　孟　奇　张英杰	89.00
粉末冶金工艺及材料（第2版）	陈文革　王发展	55.00
钢铁厂实用安全技术	吕国成　包丽明	43.00
高温熔融金属遇水爆炸	王昌建　李满厚　沈致和　等	96.00
化工安全与实践	李立清　肖友军　李　敏	36.00
基于"4+1"安全管理组合的双重预防体系	朱生贵　李红军　薛岚华　等	46.00
金属功能材料	王新林	189.00
金属液态成形工艺设计	辛啟斌	36.00
矿山安全技术	张巨峰　杨峰峰	35.00
锂电池及其安全	王兵舰　张秀珍	88.00
锂离子电池高电压三元正极材料的合成与改性	王　丁	72.00
露天矿山和大型土石方工程安全手册	赵兴越	67.00
煤气作业安全技术实用教程	秦绪华　张秀华	39.00
钛粉末近净成形技术	路　新	96.00
羰基法精炼铁及安全环保	滕荣厚　赵宝生	56.00
铜尾矿再利用技术	张冬冬　宁　平　瞿广飞	66.00
系统安全预测技术	胡南燕　叶义成　吴孟龙	38.00
选矿厂环境保护及安全工程	章晓林	50.00
冶金动力学	翟玉春	36.00
冶金工艺工程设计（第3版）	袁熙志　张国权	55.00
增材制造与航空应用	张嘉振	89.00
重金属污染土壤修复电化学技术	张英杰　董　鹏　李　彬	81.00